MENSCHWERDUNG

GRUNDRISS

VERTIEFUNGEN

ANHANG

DIE HERAUSFORDERUNG DER EVOLUTIONSBIOLOGIE

Mit den knappen Worten »Licht wird fallen auf den Menschen und seine Geschichte« verwies der Begründer der Evolutions- und Selektionstheorie, Charles Darwin (1809–1882), in seinem 1859 erschienenen Hauptwerk *The Origin of Species by Means of Natural Selection, or the Preservation of favoured Races in the Struggle for Life* auf die anthropologische Bedeutung seiner bahnbrechenden evolutionsbiologischen Erkenntnisse. Dieser Passus, der in der 1. Auflage der deutschen Übersetzung sogar fehlt, lässt nur ahnen, wie sehr ihn die Vorstellung umtrieb, dass Arten wandelbar sind. Die revolutionäre Wirkung seiner Befunde auf das damalige Weltbild war ihm durchaus bewusst, wie eine Bemerkung aus dem Jahr 1844 belegt: »Mir ist, als gestehe ich einen Mord.«

Seine umfangreichen vergleichenden Studien zur Morphologie, Anatomie, Embryologie, Paläontologie, Geographie, Geologie sowie Haustierkunde und Verhaltensbiologie ließen nur einen Schluss zu: Die Entstehung der Organismen ist ein historischer Prozess. Dass der britische Naturforscher Alfred Russel Wallace (1823–1913) bereits 1858 unabhängig von Darwin die Grundgedanken einer Theorie der natürlichen Selektion entworfen hatte, schmälert weder Darwins Leistung, noch rechtfertigt es die Behauptung, der Gedanke der Evolutionstheorie habe ›in der Luft gelegen‹. Richtig ist jedoch, dass schon seit langem wachsende Zweifel an dem traditionellen, teleologisch-finalistischen Weltbild bestanden. So ist der Verzicht auf die kategorische Aussage ›nullae species novae‹ in der letzten Auflage des *Systema naturae* (1776) des schwedischen Naturforschers Carl von Linné (1707–1778) eine Kritik an der Konstanz der Arten, eine Abkehr von dem statischen Entstehungsprinzip der Vielfalt der Lebewesen. Auch der Großvater von Charles Darwin, Erasmus Darwin (1731–1802), vertrat bereits zu Ende des 18. Jahrhunderts die Ansicht, dass Arten sich im Laufe der Zeit verändern und neue Arten aus ihnen entstehen würden. Jedoch nahm er Umweltreize und Hybridisierungen als ursächlich an für eine allmähliche höhere Organisation und größere Vielfalt der Arten.

Weitaus bekannter wurde hingegen der Evolutionsgedanke des französischen Biologen Jean-Baptiste de Lamarck (1744–1829), der häufig auf die Formel ›Vererbung erworbener Eigenschaften‹ reduziert wird. Seine Theorie zur allmählichen Veränderung der Arten ist jedoch komplexer, denn seiner Ansicht nach werden die Organe durch die Bewegung von Gasen und Flüssigkeiten und erregende Ursachen wie Licht, Wärme oder Elektrizität gebildet und umgebildet. Der Grundgedanke war, dass ein Wandel der Umweltbedingungen die Bedürfnisse lebender Organismen verändere, die daraufhin ihr Verhalten umstellen, indem sie bestimmte Organe häufiger, andere seltener benutzen, was einen Gestaltwandel der Körperteile bewirken soll. Die so erworbenen Veränderungen sind nach de Lamarck erblich.

Dem lamarckistischen Erklärungsansatz stand die vehemente Kritik des Begründers der funktionellen Anatomie, Georges Cuvier (1769–1832), entgegen, der das Dogma der Konstanz der Arten als »notwendige Bedingung für die Existenz der wissenschaftlichen Naturgeschichte« ansah.

Das entscheidende Verdienst Darwins – und auch das seines Zeitgenossen Russel Wallace – war, das Faktorenproblem der Evolution gelöst und die Mechanismen aufgezeigt zu haben, die zu einer Anpassung der Lebewesen an die Umwelt führen. Die Variabilität und Diversität der Organismen erklärte die Evolutionstheorie wie folgt: Erstens besteht eine erbliche Variabilität bei den Individuen einer Art, zweitens werden mehr Nachkommen erzeugt, als die Elterngeneration ersetzen würden (bezogen auf zweigeschlechtliche Arten).

Durch den Mechanismus der natürlichen Auslese (Selektion) werden in der Generationenfolge jene erblichen Varianten weitergegeben, die für die Arterhaltung optimal wirksam sind.

Obwohl schon Darwin auf das Prinzip der sexuellen Evolution hingewiesen hatte, auf Partnerwahlauslese und gleichgeschlechtliche Konkurrenz, also inter- und intrasexuelle Selektion, wurde dieser Schlüssel zum evolutiven Verständnis jedoch lange übersehen. Retrospektiv waren die weitreichenden Erkenntnisse Darwins verfrüht, das heißt noch nicht reif für die Viktorianische Zeit. Nur wenige Biologen erkannten damals, dass mit der Evolutionstheorie eine ›Theorie der Geschichtlichkeit der Natur‹ angeboten war. Sie waren, wie der Evolutionsbiologe und Theologe Günter Altner betont, noch zu sehr auf das mechanistische Paradigma der Newton'schen Physik fixiert, so dass die Betrachtung der ›Welt als offenes System‹ erst später erfolgte.

Die ganze Herausforderung der Evolutionstheorie, eben nicht nur die physische Evolution der Organismen, sondern auch die Verhaltensevolution von Tier und Mensch auf biologischer Grundlage zu erklären, erfolgte erst mit der Begründung der Soziobiologie unter anderem durch William D. Hamilton, Edward O. Wilson und Richard Dawkins. Da sie die Selektionsebene auf Genniveau ansiedelt, die Theorie eines ›Genegoismus‹ (*selfish gene*) vertritt, liefert sie in entscheidenden Fragen grundsätzlich andere Erklärungsmodelle als die zuvor von Ethologen angenommene Gruppenselektion und erlaubte die Überwindung des ›Darwin'schen Paradoxon‹. Wie, so hatte sich Darwin gefragt, können auf der Grundlage strikter individueller Konkurrenz, einer auf Steigerung der Konkurrenzfähigkeit ausgerichteten Selektion, überhaupt kooperative **Sozialsysteme** entstehen, wie ist Vergesellschaftung mit evolutionsbiologischen Prinzipien erklärbar, wie können über die Jungenaufzucht hinaus wechselseitige Fürsorge oder gar individuelle Selbstaufopferung entstehen? Durch das theoretische Konstrukt der Soziobiologie ist erstmals eine darwinis-

S. 98

5

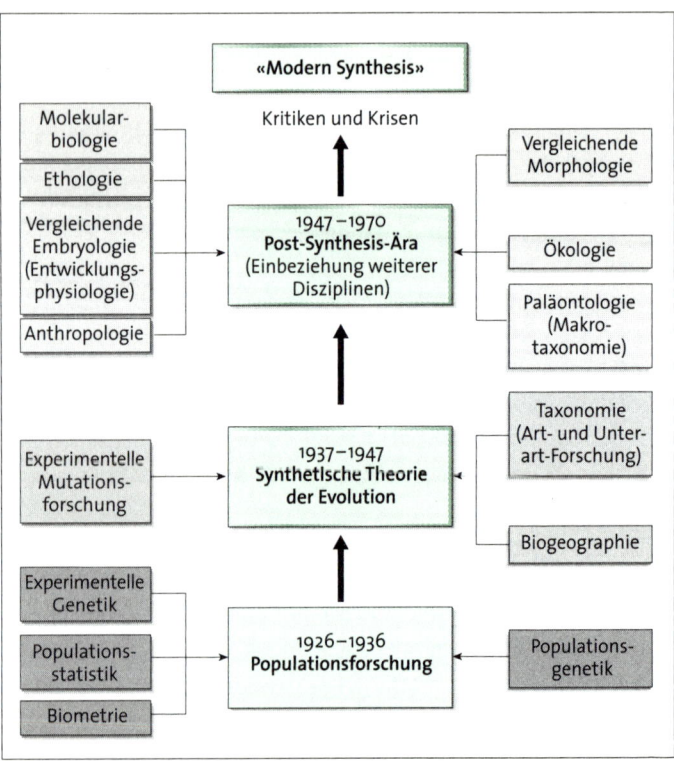

Die historischen Phasen der Entwicklung der synthetischen Evolutionstheorie

S. 101

tische Erklärung der Entstehung und des evolutiven Erfolgs von kooperativem und altruistischem Verhalten möglich (**Kooperation**). Das Bild vom ›Egoismus der Gene‹ und die Konstituierung einer soziobiologisch geprägten Verhaltensbiologie ermöglichten den umfassenden Paradigmenwechsel vom Schöpfungsglauben zu einem selbstorganisatorischen Entstehungsprinzip. Erst auf der Ebene der synthetischen Evolutionstheorie respektive der Systemtheorie der Evolution wurde es möglich, die dem Menschen zugesprochene

Sonderstellung in der Natur gänzlich aufzulösen, indem nicht nur die körperlichen, sondern auch die verhaltensbiologischen Strukturen und selbst die Entstehung des ›Geistes‹ als evolutive Anpassungen erklärt werden. Die Evolutionsbiologie verfolgt die eherne Regel, dass eine Anpassung, das heißt eine detailliert beschreib- oder messbare morphologische, anatomische, physiologische oder ethologische Eigenschaft, nur dann zu verstehen ist, wenn ihre evolutionär entwickelte Funktion deutlich wird. Physische wie auch psycho-soziale Eigenschaften sind nach der darwinistischen Selektionstheorie als Überlebensvorteil durch natürliche Selektion oder als Fortpflanzungsvorteil *via* sexuelle Selektion zu betrachten. Will man eine Spezies als Produkt evolutiver Anpassungsprozesse begreifen, so gilt es, das während der Stammesgeschichte entwickelte einzigartige Merkmalsmosaik zu erklären, die jeweilige biologische Rolle der zahlreichen arttypischen Form-Funktions-Komplexe und Eigenschaften im evolutiven Kontext zu deuten. Nur vor dem Hintergrund biologischer Funktionalität ist die so verblüffende ›Passung‹ zwischen einem Organismus und seiner Umwelt zu verstehen. Der Evolutionsgenetiker Theodosius Dobzhansky brachte es auf den Punkt: »Nichts in der Biologie macht Sinn, außer im Lichte der Evolution.«

DER MENSCH ALS PRIMATENART

Primaten – unsere nächsten Verwandten

Stammt der Mensch vom Affen ab? – Das ist die den Anthropologen am häufigsten gestellte Frage. Lange vor der Erkenntnis eines real-historisch-genetischen Zusammenhangs aller Lebewesen wurde von Naturgeschichtlern des Altertums und Mittelalters auf Ähnlichkeiten zwischen Affen und Menschen hingewiesen. Die Feststellung basierte jedoch nur auf dem oberflächlichen Vergleich der verschiedenen Erscheinungsformen, war also rein phänomenologisch. Im

Rahmen der Evolutionstheorie stellten sich die Probleme:

- *wer* unsere nächsten lebenden Verwandten in der Primatenordnung sind,
- *wann* und *wo*, das heißt an welcher Stelle im Primatenstammbaum die zum Menschen führende Stammlinie abzweigte,
- *welche* speziellen evolutionsökologischen Rahmenbedingungen es waren, die den Prozess der Menschwerdung ermöglichten,
- *wie viele* fossile menschliche Vorläuferformen es gab, und
- *wie* die Hominisation, die evolutive Herausbildung unseres spezifisch menschlichen Merkmalsgefüges, verlief.

Die Kernfrage lautet: Wie konnte *via* natürliche und sexuelle Selektion ein kulturfähiges Wesen entstehen, bei dem »Kultur zum natürlichen Rüstzeug gehört« (Hubert Markl)? Die Objekt-Subjekt-Identität macht deren Erforschung zu einem schwierigen Unterfangen. Wir sind nämlich erforschtes Objekt und forschendes Subjekt in einem; kein Wunder, dass die Befangenheit bei diesem heißen Eisen, wie Darwin es ausdrückte, anhält. Heute ist dagegen das Entsetzen über unsere Affenverwandtschaft abgeklungen.

»Die Frage aller Fragen für die Menschheit – das Problem, welches allen übrigen zu Grunde liegt und welches tiefer interessiert als irgendein anderes –, ist die Bestimmung der Stellung, welche der Mensch in der Natur einnimmt, und seiner Beziehungen zu der Gesamtheit der Dinge«, schrieb der Zoologe Thomas Henry Huxley, aufgrund seiner Spitzzüngigkeit auch »Darwins Bulldogge« genannt, bereits 1863 in seinem Werk *Evidences as to Man's Place in Nature.* Es war die erste Studie, die auf vergleichend-primatologischer Grundlage schloss, »dass die Affenform, welche dem Menschen in der Gesammtheit des ganzen Baues am nächsten kommt, entweder der Chimpanze oder der Gorilla ist ...« Heute bestehen keine Zweifel mehr, dass die afrikanischen Menschenaffen unsere engsten phylogenetischen Verwandten sind, die Beweise sind eindeutig. Molekulargenetiker sind neuerdings sogar in der Lage, die Übereinstimmung des Erbguts von Schimpanse und Mensch mit 98,8 Prozent zu beziffern, was bedeutet, dass 1,2 Prozent unterschiedliches Genmaterial die Divergenz zwischen Schimpanse und Mensch prägen. Dieser Wert relativiert sich, wenn man berücksichtigt, dass die Gemeinsamkeit des Genoms von Fruchtfliege und Mensch bei 75 Prozent liegt. Ein 98 %-Schimpanse zu sein, klingt zwar nach einem verschwindend geringen Abstand zwischen Tier und Mensch, addiert sich aber nach Aussagen von Evolutionsgenetikern auf 39 Millionen mögliche Unterschiede.

Eine vergleichende Genomanalyse ergab, dass die Expression von Genen und die Proteinsynthese bei Mensch und Schimpanse sich insbesondere im Gehirn dramatisch unterscheiden, während die Expressionsmuster in Leber und Blut kaum divergieren. Da jede Körperzelle das gesamte Genom in ihrem Kern trägt, wird eine spezifische Zelle, ob Leber-, Darm- oder Gehirnzelle, erst zu dem, was sie ist, indem spezifische Gene an- und abgeschaltet werden. Die jüngsten Befunde weisen auf deutliche Abweichungen zwischen Schimpanse und Mensch bezüglich der Anzahl der aktivierten Gene hin. Die offensichtlichen Unterschiede in der kognitiven Leistungsfähigkeit der Gehirne beider Arten sind auch molekularbiologisch nachzuweisen. Zweifellos ein bahnbrechender Befund, der enorme Perspektiven für das Verständnis evolutiver Prozesse eröffnet, indem mit der Transkriptionsanalyse funktionell relevante genetische Unterschiede zwischen den Arten aufgezeigt werden können. Das Ergebnis ist insofern nicht unerwartet, als über fünf bis sechs Millionen Jahre Eigenweg zwischen den zu *Pan troglodytes* und *Homo sapiens* führenden Stammlinien liegen. Bereits in den sechziger und siebziger Jahren des letzten Jahrhunderts wiesen die amerikanischen Molekularbiologen Morris Goodman und Vince Sarich mittels der ›molekularen Uhr‹ eine sehr späte Aufspaltung von Mensch und afrikanischen Menschenaffen nach. Dieser Befund stand lange im Gegensatz zu dem der Paläoanthropologen, die für eine frühe Aufspaltung plädierten und somit eine rund doppelt so lange Entwicklungsdauer annahmen. Bezogen auf 4,5 Milliarden Jahre Entwicklung von Leben auf der Erde erscheint der Mensch offenbar erst in letzter Sekunde auf unserem Planeten.

Mit moderner Genchip-Technologie gewonnene Resultate werden eingefleischte Evolutionsskeptiker nicht dazu bringen, den Menschen nur als einen Menschenaffen ›eigener Art‹ zu sehen und den traditionell angenommenen Rubikon zwischen Mensch und Tier zu negieren. Während Primatologen einerseits die Kontraste thematisieren und analysieren und andererseits die Übereinstimmungen zwischen den Primatenarten beschreiben und zu erklären versuchen, fokussieren Kulturwissenschaftler offenbar nur auf das Trennende, die Kultur.

Der Verhaltensforscher Wolfgang Köhler (1887–1967) untersuchte in seiner Affenstation auf Teneriffa schon 1921 durch ›Intelligenzprüfungen an Menschenaffen‹ das Leistungspotential unserer stammesgeschichtlichen Vettern, aber erst die Freilandstudien von George Schaller, Diane Fossey (Gorilla), Jane Goodall, Yukimaru Sugiyama, Christophe Boesch (Schimpanse) und Takayoshi Kano (Bonobo) sowie Birute Galdikas (Orang-Utan) machten das breite verhaltensbiologische Spektrum der Menschenaffen deutlich (**Sozialsysteme der Menschenaffen, Werkzeuggebrauch bei Schimpansen**). Ferner gaben experimentelle Studien zur Kommunikation und Kognition höherer Primaten verblüffende Einblicke in deren hohes Leistungspotential. Dabei darf jedoch nicht vergessen werden, dass die heutigen Menschenaffen nicht unsere Vorfahren sein können. Sie haben wie wir ebenfalls eine lange eigenständige Entwicklung durchlaufen und teilen mit dem Menschen gemeinsame Vorfahren.

Ergebnisse von Untersuchungen an berühmten Menschenaffen wie Sarah, Washoe, Lana, Kanzi und ihren namenlosen Artgenossen

S. 98
S. 105

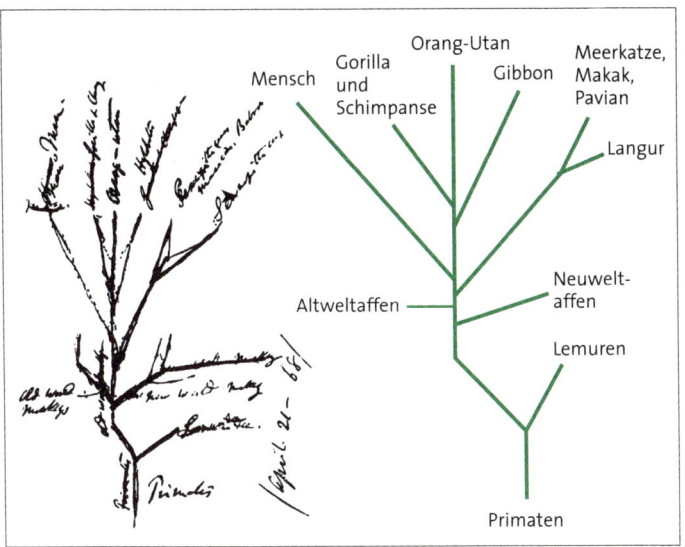

Skizze des Stammbaums der Primaten, die Darwin einem Brief an T. H. Huxley beifügte (links: Original, rechts: Erläuterung)

können nicht widerlegen, dass wir einzigartig sind. Sie machen aber zunehmend eines deutlich, dass Kulturfähigkeit und Kultur nicht auf den Menschen beschränkt sind, sie zeigen, dass die Dichotomie Kultur *versus* Natur nicht gilt. Dass das Kulturwesen Mensch auch Natur hat, daran zweifelt wohl keiner, aber dass das Naturwesen Menschenaffe auch Kulturfähigkeit und Kultur haben soll, wird kaum wahrgenommen.

Primatenmerkmale

Das Jahr 1863 gilt als das Geburtsjahr der wissenschaftlichen Primatenkunde (Primatologie), da damals nicht nur das erwähnte Werk von Thomas H. Huxley erschienen war, sondern auch wegweisende

Beiträge von Charles Lyell (1797–1875; Aktualitätsprinzip), Ernst Haeckel (1834–1919; erste Stammbäume) und Karl Vogt (1817–1895; vergleichende Anatomie) die Belege für eine gemeinsame stammesgeschichtliche Wurzel von Mensch und Tierprimaten lieferten. Alle vergleichenden Befunde stellten den Menschen zu den Altweltaffen, wie bereits ein frühes Stammbaumschema von Darwin zeigt. Die Klassifikation von *Homo sapiens* als Wirbeltier (Stamm *Vertebrata*), als Säugetier (Klasse *Mammalia*), als Herrentier oder Affe (Ordnung *Primates*), als echter Affe (Unterordnung *Simii*) und innerhalb dieser zu den Altwelt- oder Schmalnasenaffen (Zwischenordnung *Catarrhini*) und darin zu den Menschenartigen (Überfamilie *Hominoidea*) hat auch heute noch Gültigkeit. Demnach hat der Mensch mit seinen nächsten Verwandten phylogenetisch gleiche Evolutionsschritte durchlaufen, die sich bei näherer Betrachtung als Präadaptationen respektive Prädispositionen zur Menschwerdung verstehen lassen. Letztere sind im weitesten Sinne Eigenschaften eines Organismus, die für noch nicht realisierte Situationen oder Funktionen – wieder im weitesten Sinne – Adaptationswert besitzen. In der Stammlinie der Primaten zeichnen sich im Rückblick Entwicklungskanalisierungen ab, die im Sinne des englischen Biologen Julian Huxley (1887–1975) als ›konstitutionelle Präadaptation‹ zu verstehen sind, das heißt es ist nicht nur eine Struktur, ein Organ, eine Verhaltensweise oder eine Funktion an eine neue Lebensweise angepasst, sondern ein ganzer Organismus in seiner vielfältigen Komplexität. Der entscheidende Faktor für die komplexe, konstitutionelle Präadaptation ist der alte Lebensraum oder der alte Funktionskreis. Dieser muss zufällig so beschaffen sein, dass die dort erworbenen Anpassungen (Postadaptationen) gleichzeitig eine komplexe Präadaptation für einen andersartigen Lebensraum oder eine andersartige Funktion ergeben. Die Anpassungsvorgänge in der subhumanen Primatenevolution lassen sich als Voranpassungen zur Menschwerdung (Hominisation) verstehen.

Reich (Regnum) ► Zoa (Tiere)

Unterreich (Subregnum) ► Metazoa (Vielzeller)

Stamm (Phylum) ► Chordatiere (Rückensaitentiere)

Unterstamm (Subphylum) ► Vertebrata (Wirbeltiere)

Klasse (Classis) ► Mammalia (Säugetiere)

Unterklasse (Subclassis) ► Eutheria (Plazentatiere)

Ordnung (Ordo) ► Primates (Herrentiere)

Unterordnung (Subordo) ► Haplorhini (Trockennasenaffen)

Teilordnung (Infraordo) ► Catarrhini (Schmalnasenaffen)

Überfamilie (Superfamilia) ► Hominoidea (Menschenartige)

Familie (Familia) ► Hominidae (Menschenaffen u. Menschen)

Unterfamilie (Subfamilia) ► Homininae (afrikanische Menschenaffen u. Menschen)

Gattungsgruppe (Tribus) ► Hominini (Menschen)

Gattung (Genus) ► *Homo* (Menschen i.e.S.)

Art (Spezies) ► *Homo sapiens* (vernunftbegabter Mensch)

Unterart (Subspezies) ► *Homo sapiens sapiens* (anat.-moderner Mensch)

Tab. 1 Klassifikation von *Homo sapiens*

Während sich die Halbaffen (*Prosimii*) noch durch eine Reihe ursprünglicher Merkmale auszeichnen, jedoch gegenüber Nicht-Primaten bereits eindeutig evolviert sind, gilt für höhere Primaten folgende Kennzeichnung:

• erhebliche Beweglichkeit der Gliedmaßen;
• Abspreizbarkeit sowie freie Dreh- und Opponierbarkeit von Daumen und Großzehe gegenüber den anderen Fingern und Zehen (beim Menschen jedoch sekundäre Reduktion durch Standfußentwicklung);
• großer Hirnschädel, Reduktion der Schnauze (bei Pavianen aber sekundäre Schnauzenverlängerung);
• nach vorn gerichtete Augenhöhlen;
• maximal 36 Zähne bei Neuweltaffen, 32 bei Altweltaffen;
• mäßig entwickelter Geruchssinn, entsprechend geringer Riechhirnanteil;

- optischer Sinn dominierende Sinnesmodalität, Befähigung zum stereoskopischen Sehen, Farbsehvermögen;
- große, komplex strukturierte Sehrinde im Hinterhauptslappen des Großhirns mit anderen Hirnregionen vernetzt;
- hoch empfindliche Tastorgane auf Hand- und Fußfläche (Hautleisten) und besonders empfindliche Lippenregion; Nägel statt Krallen;
- akustischer Sinn (Gehör) gut ausgeprägt im relativ niederen Frequenzbereich;
- gut entwickelter Geschmackssinn;
- große, stark gefurchte neue Großhirnrinde (Neocortex); sekundäre und tertiäre Sinneszentren (Assoziations- und Integrationsareale), erhebliche Anzahl neuronaler Verschaltungen, große Speicherkapazität für Informationen (Gedächtnis und Sinneseindrücke);
- hoch differenziertes Kleinhirn (Cerebellum) als Voraussetzung für feinste Bewegungskontrollen, unter anderem der Hand (Manipulationen);
- lange Trächtigkeitsphase (beziehungsweise Schwangerschaftsdauer), hohes elterliches Investment während der Kindheit und Jugendzeit, monatlicher Sexualzyklus und Organisation in Sozialverbänden.

Sozialisation und Individuation

Der Mensch durchläuft in seiner Individualentwicklung (Ontogenese) eine komplexe Sozialisation. Darunter versteht man den Prozess, durch den Individuen soziale Kompetenz entwickeln, die für wirksames Planen und Handeln in der Gesellschaft, in der sie leben, unabdingbar ist. Daneben ist Individuation, der Prozess der Reifung und Differenzierung des Individuums zu einer Persönlichkeit, ebenso essentiell.

Höhere Primaten durchlaufen aufgrund ihrer verzögerten physischen und psychischen Reifung und ihrer hohen Lernbegabung gepaart mit einem ausgeprägten Neugierverhalten und dem verstärkten Einbau von erlernten (tradierten) Verhaltenskomponenten in das ausreifende Verhaltensrepertoire eine komplexe individuelle Entwicklung, die also durch tradi- und biogenetische Komponenten geprägt ist.

Der evolutive Prozess fördert einerseits die individuelle Innovationsfähigkeit, andererseits verstärkt er aber auch die soziale Abhängigkeit. Entzug des sozialen Umfeldes führt zu irreparablen Entwicklungsstörungen. Vielseitiges Lernen, Innovationsfähigkeit und Verhaltensflexibilität werden in der Primatenevolution zur entscheidenden Existenzbedingung.

Laborversuche und Feldstudien an Primaten belegen, dass die Vielseitigkeit und Komplexität von Lernleistungen mit deren Evolutionshöhe steigen. Da in freier Wildbahn auch Traditionsbildungen und verblüffend komplexe Problemlösungsstrategien höherer Primaten zu beobachten sind, liegt die Frage nahe, ob sie zu kulturellen Leistungen befähigt sind. Der japanische Primatologe Masao Kawai definiert unter Bezug auf die traditionelle Diskussion Kultur als »eine Lebensweise, die zu einer Verhaltensweise wurde, die erworben, geteilt, sozial vererbt und unter den Mitgliedern derselben Gesellschaft fixiert wird«.

Eine der wichtigsten Fragen der vergleichenden Primatologie ist, ob Tierprimaten bereits Kultur im definierten Sinne haben oder aber nur protokultural sind. Ein operationaler Ansatz zur Feststellung, ob Tierprimaten bereits Kultur haben, ist es, Kultur als Summe von Verhaltensmustern aufzufassen und diese näher zu analysieren. Allgemein wird davon ausgegangen, dass Kultur an Sprache gebunden ist, womit sich die Frage stellt, ob Menschenaffen Sprache oder kognitive Grundvoraussetzungen für Sprachbefähigung haben (**Sprachevolution**). S. 112

Biogenese und Tradigenese

Nach der pointierten Formulierung des Evolutionsbiologen Hubert Markl sind die ausschlaggebenden Innovationen in der Evolution durch »Egoismus, Schlamperei und Sex« geprägt; es geht offenbar immer um Fitnessmaximierung, entweder auf direktem Wege durch Fortpflanzung oder auf indirektem Wege durch Verwandtenunterstützung. Aus diesem evolutiven Blickwinkel wurden in jüngerer Zeit auch die phylo- und ontogenetischen Beziehungen zwischen den biotischen und den kulturellen Merkmalen des Menschen intensiv diskutiert. Dass dabei den Evolutionsbiologen von Kulturwissenschaftlern nicht selten Determinismus ihrer Anschauungen unterstellt wird, ist nicht unerwartet, denn zahlreiche Kolleginnen und Kollegen in den eigenen Reihen setzen auf das ›Pferd‹ Soziobiologie, mutieren zu Bio- und Evolutionspsychologen und -pädagogen; kurz: Darwins ›ätzende Säure‹, der Evolutionsgedanke, frisst sich durch alle Disziplinen. Ein Ziel der soziobiologischen Erklärungsmodelle ist, das cartesische Zwitterdenken Kultur *versus* Natur zu überwinden. Eine konsequente Logik evolutionärer Argumentation lässt nur die Annahme zu, dass zumindest Vorstufen von Fühlen, Wollen und Denken bei unseren nächsten stammesgeschichtlichen Verwandten und Vorfahren vorhanden gewesen sein müssen. Dabei geht es nicht darum, Menschen zu Tieren zu erniedrigen oder uns nahe verwandte Tiere, speziell die Menschenaffen, näher an den Menschen heranzuziehen. Es geht um eine anthropologische Standortbestimmung, die Thomas Henry Huxley 1863 in seinem ›Glaubensbekenntnis‹ so formulierte:

»... dass der Versuch, eine psychische Trennungslinie zu ziehen, gleich vergebens ist und dass selbst die höchsten Vermögen des Gefühls und Verstandes in niederen Lebensformen zu keimen beginnen. Gleichzeitig ist Niemand davon so stark überzeugt, wie ich, dass der Abstand zwischen civilisirten Menschen und den Thieren ein ungeheuerer ist, oder so sicher dessen, dass, mag der Mensch von den Thieren abstammen oder nicht, er zuverlässig nicht eins derselben ist. Niemand ist weniger geneigt, die gegenwärtige Würde des einzigen bewussten intelligenten Bewohners dieser Welt gering zu halten, ...« (Übersetzung durch Victor Carus, 1863).

Dieses Plädoyer teilt die moderne Evolutionsbiologie, aber die Würde des Menschen ist heute insofern antastbar, als wir den evolutiven Erwerb von Kulturfähigkeit im Sinne einer genetisch-kulturellen Ko-Evolution systematisch zu erklären versuchen. Neuere Untersuchungsansätze differenzieren zwischen der organischen und (sozio-)kulturellen Entwicklung, die beide informationsgewinnende Prozesse sind, das heißt ausgerichtet auf den Erwerb, die Speicherung und die Weitergabe von Informationen. In der organischen oder biogenetischen Evolution erfolgt die Weitergabe von Information durch Gene *via* Keimbahn von Generation zu Generation, also von den Eltern auf deren Nachkommen; in der soziokulturellen oder tradigenetischen Evolution werden Informationen in Form von Gedanken, Ideen und Wissen – man spricht auch von Mnemen – gesammelt und über Sprache oder Schrift tradiert, also von Individuum zu Individuum weitergegeben. Der Vorteil der tradigenetischen gegenüber der biogenetischen Informationsübertragung ist offensichtlich: verbal oder schriftlich vermittelte Informationen und Innovationen sind entschieden schneller und evolutionsökologisch von höchster Relevanz. Nimmt man die Erfindung eines Individuums (etwa Süßkartoffeln waschen, Ameisen angeln, Termiten fischen) und die Nachahmung dieser Innovation durch Mitglieder des Sozialverbandes, so kann man diese Traditionsbildung im Nahrungsverhalten, wie sie bei Primaten beobachtet worden ist, als protokultural ansehen. Die Verhaltensbeschreibung, das Ethogramm, rezenter Primatenspezies, zum Beispiel das Nahrungsverhalten, das Bewegungsverhalten, das Brutpflege- und Bindungsverhalten, das Erkundungs- und Spielverhalten sowie das Kampf- und Sexualverhalten sind wesentlich zum evolutionsbiologischen Verständnis der Menschwerdung, jedoch sind heute lebende Tierprimaten nur als Modelle zu betrachten. Sie sind einerseits Kontrastmodelle, andererseits aber auch Analogmodelle, aber aufgrund ihres langen stammesgeschichtlichen Eigenweges nicht als unsere Vorfahren anzusehen.

Der ›dritte Schimpanse‹

Wollen wir den Menschen als ›dritten Schimpansen‹ verstehen, wie es der Soziobiologe Jared Diamond in seinem gleichnamigen Band formulierte, so gilt es, die Verwurzelung des spezifisch Menschlichen zu erklären, die Spannweite des Humanen auszuloten. Der sehr beeindruckende molekularbiologische Befund, dass der genetische Abstand zwischen den Gattungen *Pan* und *Homo* nicht größer ist als der zwischen *Pan* und *Gorilla*, erklärt trotz der enormen körperlichen und Verhaltensunterschiede und unserer subjektiv empfundenen Distanz beim Vergleich Schimpanse – Mensch unsere enge Ver-

S. 84 wandtschaft (**Verwandtschaftsforschung**). Gegenüber seinen tierischen Verwandten zeichnet sich der Mensch durch eine erheblich gesteigerte Veränderbarkeit des Verhaltens durch Lernprozesse aus, unter anderem durch intensive Traditionsbildung. Bei einigen höheren Primaten kommt es zu einer komplexen Werkzeugverwendung und -herstellung, was den Verzicht auf entsprechende körperliche Spezialisierungen erlaubt. Werkzeuge sind extrakorporale Organe nach Bedarf, die für spezifische Einsätze genutzt werden und danach

S. 105 abgelegt werden können (**Werkzeuggebrauch bei Schimpansen,**
S. 108 **Werkzeugkulturen**).

Ein weiteres entscheidendes Kennzeichen höherer Primaten ist neben erheblich gesteigerten kognitiv-intellektuellen Fähigkeiten eine verzögerte Bedürfnisbefriedigung und damit bewusste Verhaltenskontrolle: Affen können Geduld aufbringen, können aus taktischen Gründen warten und zukünftige Situationen antizipieren.

Als ein entscheidendes Humanum gilt die Entwicklung einer Symbolsprache, worunter kodierte Informationen verstanden werden, die es ermöglichen, dass nicht mit körperlichem Einsatz gekämpft, sondern um Ideen gestritten wird (**Sprachevolution**). Sprache ermöglicht eine direkte Informationsübertragung von Gehirn zu Gehirn.

S. 112

Schließlich müssen sich in der Hominisation auch persönliche und soziale Verantwortung und Moral, die Differenzierung von Gut und Böse, entwickelt haben, was wiederum an Geschichtlichkeit, das Bewusstsein von Vergangenheit, Gegenwart und Zukunft, geknüpft ist. Erst hierin liegt die spezifisch menschliche Dimension, die Fähigkeit zu ethischem Verhalten und Verantwortung. Die Annahme, dass beim Menschen stammesgeschichtlich noch irgendetwas völlig Neues hinzugekommen ist, was dann Geist erzeugte, ist nach verhaltensbiologischen, kognitionswissenschaftlichen und neurobiologischen Befunden nicht gerechtfertigt, auch wenn diese Annahme das Bedürfnis des Menschen nach einer Sonderstellung befriedigen würde.

Neben den oben angesprochenen ›Neuerwerbungen‹ im psychosozialen Bereich unterscheidet sich der rezente Mensch durch auffällige physische Merkmalsbesonderheiten, die als kennzeichnend herauszustellen sind, wie zum Beispiel der aufrechte Gang, die unspezialisierte Ausformung der Hände, die Reduktion des Haarkleides, die Erhöhung der Anzahl der Schweißdrüsen, die Hirnentfaltung, die Geradegesichtigkeit, das weitgehend undifferenzierte Gebiss als Anpassung an Allesfresserei (Omnivorie); die Absenkung des Kehlkopfes und die Veränderungen in der Luftröhre zur Erzeugung diskreter Sprachlaute (Phone), die Verlängerung der Entwicklungsphasen, die verbunden ist mit elaboriertem Lehr-Lernverhältnis in der Mutter-Kind-Dyade sowie zwischen anderen Sozialgruppen, zum Beispiel der ›Erfindung der Großmutter‹ durch Verlängerung der postmenopausalen oder postreproduktiven Lebensphase des soziokulturellen Investments.

Alle aufgeführten Komponenten müssen sich unter harten Selektionsbedingungen bewährt haben. Nachfolgend soll versucht werden, die Mosaikevolution, die allmähliche, zeitlich unterschiedliche Herausbildung der spezifisch menschlichen Merkmale, anhand des Fossilreports zu rekonstruieren und dazu Stellung zu nehmen, wann, wo und unter welchen möglichen Selektionsdrücken sich die Hominisation abspielte. Bei ihrem biologischen Erklärungsansatz der Menschwerdung sind Evolutionsbiologen nicht einem seelenlos-materialistischen Lebens- und Menschenbild verpflichtet, sie modellieren nur theoriekonform im Sinne der synthetischen Evolutionstheorie.

FOSSILE BELEGE DER MENSCHWERDUNG

Paläoanthropologie – mehr als nur Fossilkunde

Die Geschichte der Paläoanthropologie zeigt, dass die Halbwertszeit unserer phylogenetischen Modelle kurz ist. Gegenwärtig zeichnen sich folgende wissenschaftshistorische Trends ab:

- ein sprunghafter Anstieg neuer Fossilfunde aufgrund systematisch geplanter und durchgeführter Grabungen;
- eine steigende Multi- und Interdisziplinarität der Bearbeitung stammesgeschichtlicher Probleme mit positiven Konsequenzen für die Methodologie und empirische Forschung;
- eine wachsende Bedeutung neuer Disziplinen wie Paläogenetik und Archäometrie für die Lösung phylogenetischer und paläoökologischer Fragen.

Paläoanthropologie ist weitaus mehr als Fossilkunde, wie die intensive interdisziplinäre Vernetzung des Faches zeigt. Die sich in jüngerer Zeit abzeichnenden paläogenetischen Erfolge der DNA- und alte-DNA-Forschung (aDNA) begründen hohe Erwartungen, bislang ungelöste stammesgeschichtliche Fragen (zum Beispiel Stellung des Neandertalers) zu lösen.

Es bleibt jedoch abzuwarten, ob es uns gelingen wird, taxonomische Probleme der Homininen-Evolution zweifelsfrei zu lösen, das Ticken der molekularen Uhr zuverlässig zu erfassen oder das Nahrungsspektrum und die Erkrankungsmuster fossiler Homininen mittels molekularbiologischer, biochemischer und biophysikalischer Verfahren präzise zu rekonstruieren. Die Konkurrenz, die die molekularbiologischen Hightech-Labore den bisweilen etwas verstaubt anmutenden osteologischen Laboren machen, ist jedoch stimulierend. Klassische Disziplinen wie die Morphologie – man denke nur an die modernen bildgebenden Verfahren, zum Beispiel Rasterelektronenmikroskopie, 3D-Computertomographie, Kinematographie (Bewegungsanalysen) – oder die Phylogenetische Systematik mit ihren komplexen verwandtschaftsanalytischen Methoden sollte man jedoch in ihrer Leistungsfähigkeit nicht unterschätzen. Das gilt umso mehr, als alle verfügbaren paläoanthropologischen Informationen herangezogen werden müssen, um aus den insgesamt sehr spärlichen Quellen ein möglichst dauerhaftes Modell unseres stammesgeschichtlichen Eigenweges zu erstellen. Mehr als ein Modell wird es aber nie sein.

Afrika – Wiege der Menschheit

Obwohl schon Thomas H. Huxley und Charles Darwin aufgrund der vermuteten engen Verwandtschaft des Menschen mit den großen afrikanischen Menschenaffen Afrika als ›Wiege der Menschheit‹ annahmen, ignorierte man ihre Hinweise lange. Als Ursprungsort des Kulturwesens Mensch kam nur Europa in Frage, der Verlust des eurozentrischen Weltbildes war damals undenkbar.

Nicht in Afrika, sondern in Asien vermutete der Jenaer Biologe Ernst Haeckel das *missing link*, eine hypothetische Übergangsform zwischen gibbonartigen Menschenaffen und dem Menschen. Das Zwischenglied, das er *Pithecanthropus alalus* (sprachloser Affenmensch) nannte, vermutete er in dem untergegangenen Kontinent Lemurien, der sich östlich von Afrika bis zu den Philippinen erstreckt haben soll. Angeregt durch die Haeckel'sche Hypothese suchte der niederländische Militärarzt Eugène Dubois zunächst auf Sumatra und später **S. 77** auf Java nach **Fossilien** dieses Vorfahren, nachdem 1888 in Wadjak ein fossilisierter Schädel entdeckt worden war. Dubois fand sehr bald einen zweiten Schädel, doch beide Funde waren als Beleg für die gesuchte Übergangsform nicht geeignet. Sie ähneln bereits zu sehr dem anatomisch-modernen Menschen und werden heute als direkte Vorläufer australasischer Populationen angesehen. Als 1890 im mitteljavanischen Kedung Brubus in Ablagerungen des Solo-Flusses ein bezahntes Unterkieferfragment und in den Jahren darauf zunächst ein Primatenbackenzahn und dann ein Schädeldach entdeckt wurden, das für einen Menschenaffen zu groß war und im Vergleich zum modernen Menschen zu klein und abweichend erschien, klassifizierte Dubois Letzteres als *Anthropopithecus* (entspricht: *Troglodytes*), nahm also an, dass es sich um einen Menschenaffen handele. Als aber noch ein Oberschenkelbein aus derselben Fundschicht geborgen wurde, sah sich Dubois am Ziel und glaubte, die gesuchte Zwischenform entdeckt zu haben. 1894 beschrieb er die neue fossile Menschenart als *Pithecanthropus erectus* (aufrecht gehender Affenmensch). Der Gattungsname lehnt sich an Haeckels Idee an, während der Artname wiedergibt, was Dubois für charakteristisch hielt, nämlich, dass dieser Vorfahr des Menschen trotz eines relativ kleinen Gehirns schon die Fähigkeit zum aufrechten Gang besaß. Die Wissenschaftsgeschichte zeigt, dass mit diesem herausragenden Fund das eurozentrische Weltbild widerlegt war, Asien war als potentielle Wiege der Menschheit in den Mittelpunkt gerückt.

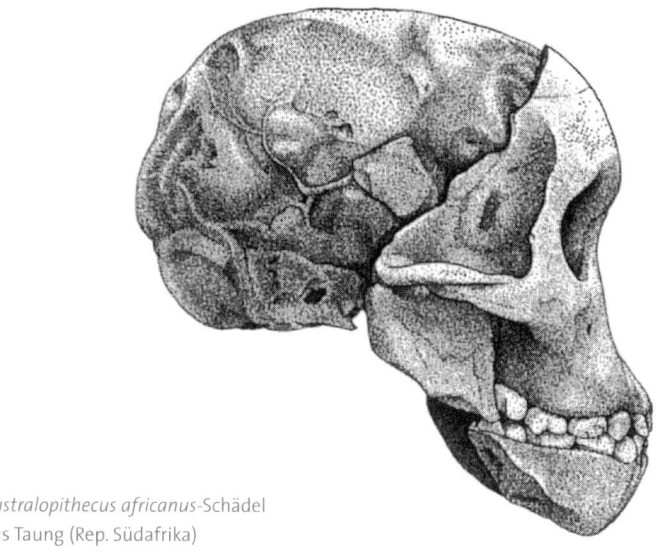

Australopithecus africanus-Schädel
aus Taung (Rep. Südafrika)

Erst als 1924 in Taung (320 km südwestlich von Johannesburg, Republik Südafrika) ein fossiler Kinderschädel geborgen wurde, kamen Zweifel auf. Afrika rückte in den Mittelpunkt paläoanthropologischer Forschungen, da der Anatom Raymond Dart das kleine Fossil als Bindeglied zwischen lebenden Menschenaffen und dem Menschen interpretierte und als *Australopithecus africanus* (afrikanischer Südaffe) beschrieb. Vehementer Widerspruch wurde von den damals führenden Paläoanthropologen Grafton Elliot Smith, Arthur Keith und Arthur Smith Woodward eingelegt, nicht zuletzt auch wegen des damals noch nicht als Fälschung entlarvten Piltdown-Fundes, einer Chimäre aus Menschenschädel und Orang-Utan-Unterkiefer, der als Beleg für einen europäischen Ursprung des Menschen gewertet wurde.

Seit Darts Entdeckung wurden in Afrika systematische Feldstudien durchgeführt. Nach den erfolgreichen Grabungen des Arztes und

Paläontologen Robert Broom in Südafrika waren es insbesondere die Aktivitäten von Louis S. B. Leakey, seiner Ehefrau Mary und ihres Sohnes Richard sowie dessen Ehefrau Meave, die Ostafrika zum ›Mekka‹ der Paläoanthropologen machten. Neben Süd- und Ostafrika gerieten neuerdings auch andere Regionen wie Malawi sowie die Republik Tschad und der Sudan durch aufsehenerregende Funde ins Blickfeld der Aufmerksamkeit.

Die frühen Homininenfossilien zählen – sofern sie nicht als *Homo* klassifiziert werden – zu zahlreichen Gattungen: *Australopithecus*, *Paranthropus*, *Praeanthropus*, *Ardipithecus*, *Orrorin*, *Kenyanthropus*, *Sahelanthropus*. Unabhängig davon, wie gerechtfertigt die Klassifikation dieser Funde als Hominine ist, verdeutlichen sie eines unzweifelhaft: In der Frühphase der Menschwerdung lebten verschiedene Genera und Spezies der Hominini zeitgleich (kontemporär) und überwiegend auch in derselben Region (sympatrisch). Nach evolutionsökologischen Gesichtspunkten ist aufgrund des Konkurrenzausschlussprinzips eine Nischenseparation anzunehmen. Offenbar hat es mehrere verschiedene Anläufe zur Menschwerdung gegeben, so genannte Adhominisationen. Betrachten wir zunächst den Prozess, der letztlich unsere eigene Stammlinie erfolgreich hervorgebracht hat, unter evolutionsökologischen Gesichtspunkten.

Die Aufspaltung der zum Menschen und zu den rezenten afrikanischen Menschenaffen führenden Stammlinien erfolgte molekularbiologischen Datierungen zufolge vor 8 – 5,5 Millionen Jahren. Primatenfossilien, die älter als 8 Millionen Jahre sind, können unter dieser Annahme nicht mehr als hominin angesehen werden. Damit liegt der von einem französischen Forscherteam um Michel Brunet in der Republik Tschad gefundene Schädel mit dem Trivialnamen Toumaï (›Hoffnung auf Leben‹; regionale Bezeichnung für in der Trockenzeit geborene Babys) an der Untergrenze und stellt somit das älteste mit Homininen in Verbindung gebrachte Fossil dar. Der Fund aus der Djurabwüste (nördlicher Tschad) ist bedeutungsvoll, sowohl hinsichtlich seiner zeitlichen als auch räumlichen Stellung und wegen seines Mosaiks menschenäffischer und menschlicher Merkmale. Während der Hirnschädel dem von Menschenaffen gleicht, sind das Gesichtsskelett und die Zähne schon menschlich. Da ›Toumai‹ aber in seinem Merkmalsmuster so sehr von den gegenwärtig bekannten fossilen Menschenarten abweicht, wurde er als neue Gattung und Art eingestuft: *Sahelanthropus tchadensis*. Brunet sieht Anzeichen für eine weit frühere Trennung der zum Schimpansen und Menschen führenden Stammlinien – insgesamt eine sehr gewagte Hypothese, solange gar nicht klar ist, ob es sich bei diesem Fund wirklich um einen menschlichen Vorfahren handelt, um *Sahelanthropus* oder doch eher ›nur‹ um ›*Sahelpithecus*‹. Begleitfunde von aquatischen und amphibischen Wirbeltieren sowie von Arten aus Wald, Waldsavannen und Grasland erlauben die Rekonstruktion eines komplexen Paläobiotops.

Hinsichtlich seiner phylogenetischen Stellung wohl noch problematischer sind im Jahr 2000 von Brigitte Senut und Martin Pickford als ›Millennium Man‹ präsentierte Fossilien aus den Tugen Hills (Kenia). Die auf 6 Millionen Jahre datierten Funde wurden zusammen mit einem in den siebziger Jahren in Lukeino (Tugen Hills) geborgenen Backenzahn als neues Taxon *Orrorin tugenensis* vorgestellt. Die Erstbeschreiber sehen aufgrund der Zahnmorphologie, die für einen Allesfresser spricht, sowie aufgrund des Baus der unteren und oberen Extremitäten, der auf einen zweibeinigen Gang (Lokomotion), aber auch noch auf das Klettern schließen lässt, eine direkte Linie über *Praeanthropus* (nach anderen Autoren *Australopithecus* mit der Spezies *A. afarensis*) zu *Homo*. Ob weitere Analysen diese Annahme stützen werden, bleibt abzuwarten.

1994 hatte Tim White, der als einer der ›Lucy‹-Entdecker Bekanntheit erlangte, mit seinem amerikanisch-äthiopischen Grabungsteam in Aramis, in der Middle Awash-Region Äthiopiens, 4,4 Millionen Jahre alte Knochen gefunden. Die 17 Fossilien wurden als ursprünglichstes *Australopithecus*-Taxon beschrieben, was auch die Artbezeichnung *ramidus* (der an der Wurzel Stehende) zum Ausdruck bringt. Wenig später erfolgte die Umbenennung in eine neue Gattung: *Ardipithecus*. Da die Bezahnung von *Ardipithecus ramidus* aufgrund der größeren Eckzähne und schmaleren Backenzähne ursprünglicher, also den Menschenaffen ähnlicher ist und die Armfragmente ein Merkmalsmosaik menschenäffischer-menschlicher Merkmale zeigen, wird er derzeit in eine Seitenlinie gestellt. Der so kurzfristige Taxonwechsel von *Australopithecus* ist zwar nachvollziehbar, lässt aber die von Huxley beschworene ›Ruhe und Gelassenheit des Urteils‹ in Fragen der Menschwerdung vermissen.

Das gilt auch für die Präsentation weiterer, auf ein Alter von 5,8 – 5,3 Millionen Jahren datierter Funde, darunter Kieferknochen und Zähne, obere und untere Extremitätenfragmente und ein Schlüsselbein. Nach dem äthiopischen Anthropologen Yohannes Haile-Selassie handelt es sich um *Ardipithecus ramidus kaddaba*, eine Subspezies der zuvor beschriebenen Art (*kaddaba*: bedeutet in afarischer Sprache ›grundlegender Vorfahr‹). Er soll die Größe eines mittelgroßen Schimpansen gehabt, aber im Gegensatz zu diesem weniger von Früchten und Blättern als von faserreicher Nahrung gelebt haben.

Der Geologe und Paläontologe Giday Wolde Gabriel rekonstruierte den Paläobiotop dieses frühen Homininen als extrem lebensfeindlich, relativ feucht und bewaldet, was dem bislang favorisierten Savannen-Modell der Menschwerdung widerspricht. Dass *Ar. ramidus kaddaba* bereits zur Homininenlinie gehört, wird nach Ansicht seines Entdeckers insbesondere durch die Zahnmorphologie und die Merkmalskonfiguration eines grazilen Zehenknochens gestützt. Zwar erlaubt die Funktionsmorphologie relativ präzise Aussagen zur Lokomotionsweise selbst dann, wenn nur ein einziger Knochen des menschlichen Fußes vorhanden ist, aber Feststellungen, dass *kaddaba* die meiste Zeit aufrecht ging und nicht nur ›fakultativ‹, also gelegentlich, sind äußerst spekulativ. Das gilt insbesondere vor dem Hintergrund der Diskussion um die Bewegungsweise des von einigen Anthropologen als unzweifelhaft zweifüßig (*biped*) eingestuften *A. afarensis*. Andere sind dagegen der Auffassung, dass dieses Taxon, zu dem ›Lucy‹ gehört, eine Bipedie ganz eigener Art hatte und auch noch auf Bäumen lebte, was auch für weitere Vertreter wie *Australopithecus anamensis* zutreffen soll.

Da wir mit *Ar. r. kaddaba* zeitlich dem postulierten Gabelungspunkt von Panini- und Hominini-Linie sehr nahe kommen, ist die Differentialdiagnose der frühesten Vertreter sehr schwierig. Welche phylogenetische Position *Ar. r. kaddaba* innehat, ist strittig, was insbesondere für die Klassifikation als Unterart gilt.

Trotz Unklarheit über die stammesgeschichtliche Rolle der Homininen aus der Republik Tschad, dem Sudan oder Äthiopien machen jüngste Daten deutlich, dass in der Frühphase der Hominisation zahlreiche ökologische Nischen von Hominiden – afrikanischen Menschenaffen und dem frühen Menschen – gebildet wurden. Im plio-pleistozänen Übergang existierte eine Vielzahl homininer Gattungen und Arten. Welche dieser Arten an der Basis der evolutionsbiologisch so überaus erfolgreichen, letztlich zum modernen Menschen führenden Linie stand, ist weitgehend offen. Mit Sicherheit sind aber die robusten Vertreter (Gattung Paranthropus) auszuschließen, und auch die lange Zeit als unsere direkten Ahnen favorisierten Spezies *A. afarensis* und / oder *A. africanus* stehen in phylogenetischer Konkurrenz mit Arten wie *Australopithecus garhi* oder dem etwas älteren, aber evolvierteren *Kenyanthropus platyops*. Da auch die verwandtschaftlichen Beziehungen der frühesten *Homo*-Vertreter, *H. habilis* und *H. rudolfensis*, heftig umstritten sind, ja selbst deren Gattungsstatus angezweifelt wird, erscheint es notwendig, die evolutionsökologischen Rahmenbedingungen der Hominisation und ihre wichtigsten Etappen der Menschwerdung zu diskutieren.

ETAPPEN DER MENSCHWERDUNG

Aufrichtung – Ernährungswandel – Hirnentfaltung

Die amerikanisch-französische Afar-Research-Expedition (1973–1978) veränderte unsere Vorstellungen über die Frühphase der Hominisation grundlegend. Mit der Entdeckung von *Australopithecus afarensis*, darunter der Jahrhundertfund ›Lucy‹ sowie die ›First Family‹ aus Hadar (Äthiopien) und weitere Fossilien aus Laetoli (Tansania), wurden erstmals 3,8–2,9 Millionen Jahre alte Fossilien einer Hominenart bekannt, die Ostafrika als Wiege der Menschheit etablierten. Nach Yves Coppens, dem französischen Leiter der Expedition, soll sich vor rund 10 Millionen Jahren in Ostafrika sukzessiv die Differenzierung in die westliche, feuchte tropische Regenwaldzone und die östlich des Grabenbruchs gelegene, trockene Savannenzone vollzogen haben. Infolge dieser geoklimatischen Veränderung sollen sich die ursprünglichen Hominidenpopulationen in die zu den rezenten Menschenaffen und dem Menschen führenden Linien aufgespalten haben. Dieses Savannen-Modell geriet erstmals 1995 durch den 3,5–3,0 Millionen Jahre alten Fund ›Abel‹, einen von Michel Brunet beschriebenen Unterkiefer aus der Republik Tschad, der als *Australopithecus bahrelghazali* geführt wird, in die Kritik, da der Paläobiotop nicht zu einem savannenbewohnenden *Australopithecus* passte. Die Entdeckung weiterer, noch weitgehend an ein Baumleben angepasster, aber auch gleichzeitig zur dauerhaften Bipedie befähigter Australopithecinen aus Aramis und Kanapoi (Kenia) stellte das **evolutionsökologische Modell** der frühen Hominisation vollends in Frage. Die 4,2–3,9 Millionen Jahre alte, durch ein Team um Meave Leakey als *Australopithecus anamensis* beschriebene Art mit einem Mosaik sehr ursprünglicher Schädelmerkmale und einem zum Klettern und zur zweibeinigen Fortbewegung befähigten Skelett erregte insbe-

S. 91

sondere deshalb Aufsehen, weil die paläobotanischen und -faunistischen Befunde auf Galeriewälder und bewaldete Seeufer schließen lassen, ein unerwarteter Indikator für eine Lebensweise abseits der Savanne.

In der Evolutionsökologie kennzeichnet der Begriff *coping* die Fähigkeit, mit einem Problem fertig zu werden. Die *coping*-Strategien der frühen Homininen ergeben sich aus deren Status als Großsäuger, als terrestrische, vergesellschaftete und tropische Lebewesen und höhere Primaten. Die Kernfrage lautet: Welche evolutive Strategie machte sie so unvergleichlich erfolgreich? Heute stehen 6 Milliarden Menschen, die nahezu alle Regionen der Erde besiedeln, den afrikanischen Menschenaffen *Gorilla* und *Pan* gegenüber. Deren Bestand wird auf rund 122 000 Gorillas und zwischen 105 000 bis 200 000 Schimpansen geschätzt – mit drastisch sinkender Tendenz, vorwiegend wegen anthropogener Einflüsse.

Die Erfolgsgeschichte des Menschen begann offenbar damit, dass einige pliozäne Arten eine habituelle zweibeinige Fortbewegungsweise entwickelten, während die Verkürzung und Verkleinerung des Kauapparates und die typisch menschliche Hirnentfaltung erst viel später mit dem Auftreten der Gattung *Homo* folgten. Nach den gängigen Hypothesen soll die Bipedie beim Wechsel vom tropischen Regenwald- zum Savannenbiotop erfolgt sein. Besonders die 3,6 Millionen Jahre alten Fußspuren in der Vulkanasche von Laetoli (Tansania), die von *A. afarensis* stammen sollen, bestärkten diese Auffassung. Daneben wurde aber auch immer auf andere Lokomotionsweisen der frühen Australopithecinen hingewiesen. Heute wissen wir, dass deren Kletterfähigkeiten weit unterschätzt wurden. Eine Vielzahl noch menschenäffischer Merkmale spricht aus kinetischen und energetischen Gründen dafür, dass sie weitaus effizientere Baumkletterer waren, als bislang angenommen wurde. Der trichterförmige Brustkorb, die Biegung der Rippen sowie die Form der Schultergelenkgrube sprechen bei *A. afarensis* für eine vorwiegend suspensorische Lokomotion. Diese Art war offenbar noch ein effektiver Hangler und Kletterer; ihre Beweglichkeit im Geäst unterschied sich jedoch von der rezenter Menschenaffen, da ihre untere Extremität bereits Anpassungen an den zweibeinigen Gang aufweist.

In jüngster Zeit wurde dieser Befund durch Fossilien von *A. anamensis* untermauert. Nach Rekonstruktionen der Paläobiotope von Allia Bay und Kanapoi war diese Art in einem Seeufer- und Galeriewaldgürtel noch vorwiegend baumlebend. Morphologische Merkmale der Handwurzelknochen weisen auf eine präzise Führung der Fingerbeugersehnen hin, was auf extreme Greifkräfte schließen lässt. Andererseits fehlt *A. anamensis* im Gegensatz zu den heutigen afrikanischen Menschenaffen eine tief ausgebildete Grube im Ellenbogenbereich, die das Überstrecken des Ellenbogengelenks verhindert und mehr Stabilität beim vierfüßigen (quadrupeden) Knöchelgang verleiht.

Ein weiterer, 3,58–3,22 Millionen Jahre alter ›Museumsfund‹ aus den Regalen der Universität Witwatersrand (Republik Südafrika), den der renommierte Paläoanthropologe Ron Clarke machte, fügt sich mit bereits zuvor beschriebenem Material aus Sterkfontein (Republik Südafrika) (STw 573) zu einem gut erhaltenen *Australopithecus*-Skelett zusammen. Die Spezieszuordnung ist allerdings noch offen. Da diese Art noch eine greiffähige Großzehe besaß, ist mit hoher Wahrscheinlichkeit anzunehmen, dass ›Little Foot‹ noch baumlebend war. Neueste Datierungen durch Lee R. Berger und seine Kollegen von der Universität Witwatersrand ergaben ein entschieden jüngeres Alter von nur 2,5–1,5 Millionen Jahren. Diese Zeitstellung und die Merkmalskombination schließen eine engere *Homo*-Verwandtschaft aus.

Da *A. anamensis*, *A. afarensis* und *A. africanus* ebenso wie der *Australopithecus* aus Sterkfontein keinen klaren Trend von Baumkletterern zu bodenlebenden Zweibeinern erkennen lassen, sind sie als direkte Vorläufer von *Homo* umstritten. Auch die hoch spezialisier-

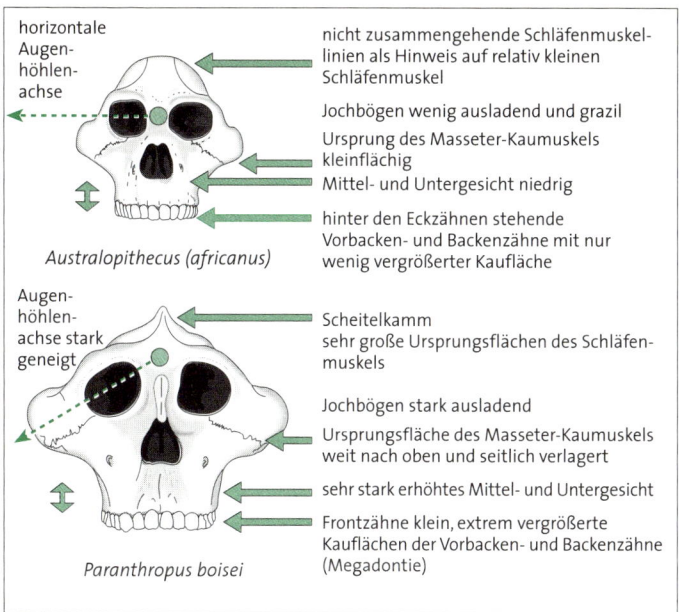

horizontale Augenhöhlenachse

nicht zusammengehende Schläfenmuskellinien als Hinweis auf relativ kleinen Schläfenmuskel

Jochbögen wenig ausladend und grazil

Ursprung des Masseter-Kaumuskels kleinflächig

Mittel- und Untergesicht niedrig

hinter den Eckzähnen stehende Vorbacken- und Backenzähne mit nur wenig vergrößerter Kaufläche

Australopithecus (africanus)

Augenhöhlenachse stark geneigt

Scheitelkamm
sehr große Ursprungsflächen des Schläfenmuskels

Jochbögen stark ausladend

Ursprungsfläche des Masseter-Kaumuskels weit nach oben und seitlich verlagert

sehr stark erhöhtes Mittel- und Untergesicht

Frontzähne klein, extrem vergrößerte Kauflächen der Vorbacken- und Backenzähne (Megadontie)

Paranthropus boisei

Schädelmerkmale von a) *Australopithecus* und b) *Paranthropus*

ten robusten *Paranthropus*-Arten sind als Ursprungsformen von *Homo* gänzlich auszuschließen. Damit rückt der aus der Afar-Region (Äthiopien) stammende *Australopithecus garhi* (*garhi* heißt auf Afarisch Überraschung), in den engeren Kandidatenkreis der direkten Vorfahren von *Homo*. Die Fossilien sind mit ca. 2,5 Millionen Jahren vergleichsweise recht jung. Für eine gegenüber *A. afarensis* entwickeltere Bipedie sprechen zwar die verlängerten unteren Extremitäten, jedoch widersprechen die relativ langen Arme dieser Auffassung. Es ist nicht festzustellen, ob es sich nur um eine beibehaltene, funktional nicht länger relevante Struktur handelt oder aber eine spezifische Kletteranpassung bei gleichzeitig vorhandener Fähigkeit zu effizienter Bipedie.

P. robustus, *P. boisei* und *P. aethiopicus* kommen sowohl aufgrund ihres Alters als auch ihrer hochgradigen Spezialisierungen nicht als unsere Vorfahren in Frage. Sie zeigen einen deutlichen Trend zur Vergrößerung der Zähne (Megadontie). Man spricht von einer Molarisierung der Praemolaren, das heißt die Vorbackenzähne gleichen sich den Backenzähnen (Molaren) an, aber auch die Kaufläche der Molaren vergrößert sich, während gleichzeitig eine Verkleinerung der Frontzähne festzustellen ist. Beide Trends können in Verbindung mit massiven morphologischen Strukturen im Gesichts- und Hirnschädel als Anpassungen an den Verzehr sehr großer Mengen energiearmer pflanzlicher Nahrung oder aber harter und zäher Kost (etwa Grassamen) gewertet werden. Dabei muss der Kontakt zwischen Zahn und Nahrungsobjekten gering gewesen sein, oder es wurden nur kleine Portionen gleichzeitig gekaut. *Paranthropus* war unzweifelhaft herbivor (Blatt-, Früchte-, Körnerfresser), wie rasterelektronenmikroskopische Analysen an den Kauflächen zeigen. *Paranthropus* dürfte habituell oder zumindest saisonal härtere, widerstandsfähige Kost verzehrt haben. Man nimmt deshalb an, dass er vorwiegend in der Savanne lebte, jedoch steht diese Annahme mit verschiedenen Anpassungen ans Baumleben im Widerspruch. Eine Erklärung könnte sein, dass *Paranthropus* nur saisonal die angestammten Waldbiotope verließ und die Nahrungsquellen der Savanne nutzte. Weil Anpassungen jeweils im Rahmen einer Mosaikevolution erfolgen und als Muster ursprünglicher und abgeleiteter Merkmale zu verstehen sind, ist die Frage aufgrund der geringen Fossildichte bislang nicht lösbar. Die hochgradige Spezialisation der *Paranthropus*-Vertreter schließt trotz der engen zeitlichen Distanz zu den ältesten Fossilien von *Homo* deren direkte Vorläuferschaft zu unserer Gattung aus.

Heute setzt sich zunehmend die Auffassung durch, dass die frühen *Australopithecus*-Arten ihr Leben in den Bäumen keineswegs ganz aufgegeben hatten und dort noch Nahrung, Schlafplätze (mögli-

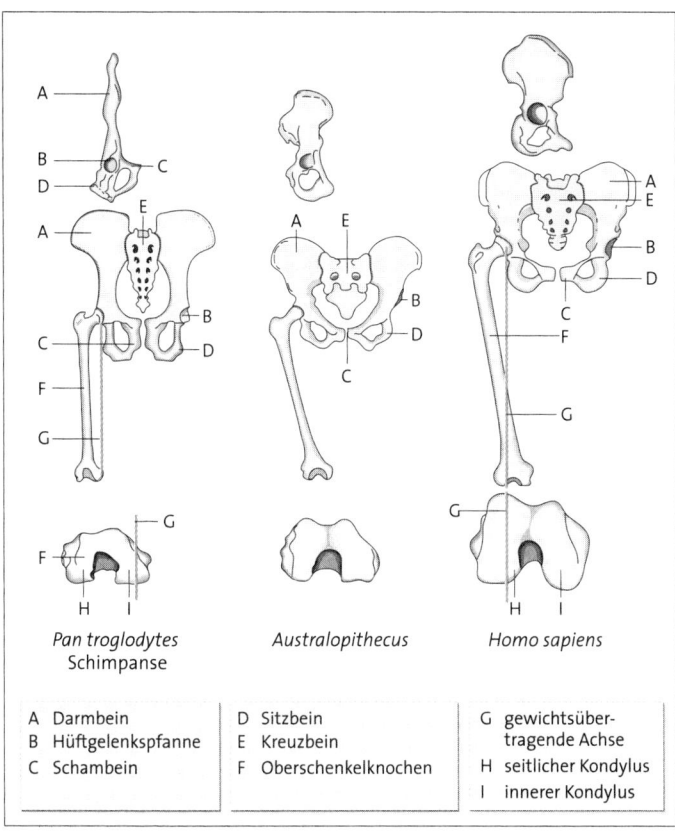

Becken und Oberschenkel sowie Kondylen des Kniegelenks von *Pan*, *Australopithecus* und *Homo sapiens* im Vergleich

cherweise Nester wie bei *Pan*) und Schutz vor Fressfeinden fanden. Ihr zweibeiniger Lokomotionstypus unterscheidet sich von dem rezenter afrikanischer Menschenaffen, die sich quadruped, im Knöchelgang, fortbewegen. Es ist also festzuhalten, dass die Lokomotionsform der Australopithecinen relativ erfolgreich war, aber evolutiv vermutlich nur eine alternative Problemlösung. Sie erlaubte es einigen Populationen, die Bäume länger und häufiger als andere zu verlassen und zu einem Nahrungssammler und möglicherweise Werkzeuge herstellenden Aasfresser oder Jäger zu werden. Das derzeitige Szenario stellt für die Australopithecinen das Attribut ›menschlich‹ in Frage.

Ob *A. garhi* die ihm zugeschriebene Rolle als direkter Vorläufer von *Homo* erfüllt, ist gegenwärtig unklar. Er besitzt offenbar noch ein kleines Hirnvolumen und ein *afarensis*-ähnliches, recht ursprüngliches Gesichtsskelett mit beachtlich großen Zähnen. Seine Körperhöhe soll 124 cm betragen haben, und das Verhältnis von Unter- zu Oberarm war noch hanglertypisch. Nicht so sehr die Morphologie als vielmehr die Fundumstände prädestinieren *A. garhi* für die Vorläuferrolle von *Homo*: Es wurden nämlich Geröllgeräte (*pebble tools*) entdeckt, die möglicherweise zum Zerlegen eines nahebei gefundenen Antilopenkadavers dienten, dessen Knochen Schnittspuren zeigen. Ob *A. garhi* tatsächlich Aasfresser oder gar Beutegreifer war, ist nach den fossilgeschichtlichen Befunden nicht eindeutig. Wenn dieser Australopithecine, der vielleicht noch beide Lokomotionsformen – arboreales Klettern (Klettern in den Bäumen) und terrestrische Bipedie – beherrschte, tatsächlich Urheber der Schnittspuren war und mit einfach behauenem steinernen (lithischen) Gerät Kadaver zerlegte, könnte dies bedeuten, dass die Auffassung, Australopithecinen seien vorrangig herbivor gewesen und hätten keine **Werkzeugkultur** gehabt, revidiert werden müsste. War *A. garhi* wirklich eine Übergangsform zwischen einem ›zweibeinigen Schimpansen‹, der mit großen Zähnen Aas verzehrte, und einem großhirnigen, vorrangig karnivoren *Homo*? Eine Überraschung – wie sein Name sagt – ist ›garhi‹ insofern nicht, als so ein Bindeglied zwischen den Genera *Australopithecus* und *Homo* erwartungsgemäß ist, denn wie der Evolutionsbiologe Günter Osche es formulierte, existiert das Schild ›Wegen Umbau geschlossen‹ in der Evolutionsgeschichte nicht. Was

S. 108

jedoch überrascht, ist der Umstand, dass dieses *missing link* nun endlich auch entdeckt worden sein soll. Wer denkt da nicht an ›selbsterfüllende Prophezeiung‹? Die Wissenschaftsgeschichte kennt zahlreiche Beispiele, man erinnere sich nur an die lange Zeit den Australopithecinen zugesprochene osteodontokeratische (Knochen-, Zahn-, Hornsubstanz-) Kultur, die als Hyänenbeutereste entlarvt wurde.

Wie problematisch die Suche nach dem letzten gemeinsamen Vorfahr von Schimpanse und Mensch ist, zeigt die Entdeckung eines fast vollständigen, ca. 3,5 – 3,2 Millionen Jahre alten Primatenschädels durch das Grabungsteam von Meave Leakey in Lomekwi (Kenia). Das Fossil ist zwar stark verdrückt, lässt aber dennoch eine sehr ungewöhnliche Merkmalskombination erkennen: ein sehr breites, flaches Gesicht und schmale Zähne. Der als *Kenyanthropus platyops* beschriebene Fund (der flachgesichtige Mensch aus West-Turkana, Kenia) gleicht den grazilen Australopithecinen. Der Schädel mit der Bezeichnung WT 40 000 weist Ähnlichkeiten mit Fossilien auf, die zunächst als *H. habilis*, später als *H. rudolfensis* klassifiziert wurden, deren Gattungsstatus neuerdings jedoch umstritten ist. Die beschriebenen Affinitäten klingen bislang eher verwirrend, jedoch ist beachtenswert, dass die paläobiotopische Rekonstruktion den ungefähr schimpansengroßen *K. platyops* in ein offensichtlich gut durchflutetes Flussgebiet stellt mit Wiesen und ausgedehnten Wäldern, in denen Paviane, Impala-Antilopen und Buschschweine lebten. Meave Leakey sieht in der Zeitgleichheit mit *A. afarensis* ein entscheidendes Problem für die Stammbaumrekonstruktion; danach müsste es zumindest zwei parallele Linien gegeben haben, was nicht unwahrscheinlich ist, wie die recht unterschiedlich eingenischten rezenten Menschenaffen zeigen. Dass *K. platyops* nicht nur einer neuen Spezies, sondern auch einer neuen Gattung zugeordnet wurde, könnte sich als voreilig erweisen. Weil Meave Leakey *H. rudolfensis* und *H. habilis* als Vorfahr nicht ausschließt, ergeben sich Widersprüche zu einer kladistischen (die Verzweigungsmuster betreffenden) Analyse, die die Habilinen nicht zur Gattung *Homo* stellt, sondern dem Genus *Australopithecus* zuordnet. Da die Existenz von *A. afarensis* eine Evolution von *Kenyanthropus* zu *Homo* wenig wahrscheinlich macht, wirft der neue Fund viele Fragen auf. Eine Erkenntnis kann aus der Vielfalt des plio-pleistozänen Fundmaterials dennoch gezogen werden: In der Frühphase der Hominisation ist mit mehrfacher komplexer Nischenseparation (adaptive Radiation) zu rechnen, was die phylogenetische Rekonstruktion erheblich erschwert.

Die lange Zeit als gültig erachtete Annahme, dass die Entwicklung der Bipedie der grazilen Australopithecinen an einen Wechsel vom Wald- zum Savannenbiotop gekoppelt war, wird durch die Fossildokumentation nicht länger gestützt. Es ist vielmehr zu vermuten, dass diese frühen Homininen die geschlossenen Ufer- und Galeriewälder mit ihrem großen Nahrungsangebot an Früchten und Blättern nur saisonal und temporär zur Erweiterung ihrer Nahrungsressourcen verließen. Das ist möglicherweise auch für den sich nur pflanzlich ernährenden *A. garhi* anzunehmen. Dagegen war der Lebensraum von *Paranthropus* aufgrund der Spezialisierung seines Kauapparates sehr wahrscheinlich die Savanne, die sich ab dem mittleren Miozän auf Kosten der schrumpfenden Regenwälder in Afrika ausbreitete. Savannenbewohner waren auch die ältesten Vertreter des Genus *Homo*, die nach wie vor von der Mehrzahl der Anthropologen als *H. rudolfensis*, *H. habilis* und *H. ergaster* klassifiziert werden. Ihre Entstehung war offenbar eng mit den paläoklimatischen Veränderungen im ostafrikanischen Grabenbruchsystem und der Abforderung neuer Überlebensstrategien verbunden. Mit der Schrumpfung des Regenwaldgürtels und der Entstehung offener Landschaften wurden isolierte Landschaftsinseln und ein Mosaik von Ökotopen mit engen Habitatgrenzen geschaffen. In diesen Refugien lebten kleine isolierte (allopatrische) Populationen, die aufgrund räumlicher Trennung Artbildungsprozessen unterlagen (**Populationsgenetische Pa-**

S. 82

rameter). Allopatrische Speziation bietet im Zuge von Umweltveränderungen die Möglichkeit der Entwicklung evolutiver Neuheiten. Allgemein gilt, dass eine in Raum und Zeit variable Umwelt evolutionären Wandel begünstigt und vielfältige Möglichkeiten der Einnischung bietet.

Die frühen Hominini hatten in neu entstehenden trockenen (ariden) Lebensräumen zahlreiche Anpassungsprobleme zu lösen, wobei sie offensichtlich unterschiedliche Strategien verfolgten. Die *Paranthropus*-Arten entwickelten einen massiven Kauapparat mit megadonten Zähnen, die den Verzehr zäher, trockener pflanzlicher Nahrung erlaubten. Parallel zu den robusten Formen verfolgten *Australopithecus*-Populationen offenbar eine grundsätzlich andere Überlebensstrategie: sie setzten neben pflanzlicher Nahrung auch auf die reichhaltigen fleischlichen Nahrungsressourcen, die Savannen mit ihrem riesigen Tierbestand bis heute bieten. Dabei ist aus verschiedenen Gründen zu vermuten, dass sie erst allmählich die schützenden Galeriewälder verließen und Vorstöße in die offenen Landschaften wagten. Einerseits stellte das Aufsuchen der verstreut liegenden Wasserstellen extreme Anforderungen an die Hitzetoleranz der Individuen, andererseits war das Problem der Bedrohung durch Beutegreifer und Aasfresser, insbesondere Großkatzen und Hyänen, zu lösen. Auch das Bedrohungspotential durch große bodenlebende Affen wie *Theropithecus* sowie durch andere konkurrierende Primaten wie *Macaca*, *Parapapio*, *Papio* barg ein erhebliches Risiko für Leib und Leben.

Dass die Savannen schillernd und vielfältig sind, ist hinlänglich bekannt. Man unterscheidet Savannenwälder, Baum-, Busch- und Grassavannen. Prägende abiotische Elemente sind Niederschlag, Verdunstung, Temperatur, Höhe und Neigung des Geländes sowie Drainage, Bodenbeschaffenheit und Feuer. Das wesentliche Kennzeichen der Savanne ist die **Saisonalität**. Sie erfordert eine komplexe und flexible Nahrungsstrategie, eine breite Nahrungsnische und

S. 86

eine hohe Mobilität. Im Gegensatz zum tropischen Regenwald zeichnet sich die Savanne durch niedrigere Qualität der Pflanzennahrung aus. Wegen hoher Kosten bei der Suche nach Pflanzennahrung und des intensiven Wettstreits um hochwertige Nahrung hat Karnivorie einen hohen Selektionsvorteil. Die intensive Nahrungskonkurrenz unter Fleischfressern macht gleichzeitig eine effektive Fressfeindvermeidung notwendig. Konkurrenzvermeidung ist der erste ›Glaubenssatz‹ der modernen Ökologie. Aus Kostengründen ist es für eine Population allgemein vorteilhafter, einen kleinen Teil eines ökologischen Raumes exklusiv zu besetzen, als einen größeren mit anderen zu teilen. Diese Strategie dürfte bei den frühen Homininen zu einer komplexen Nischenvielfalt geführt haben, denn es ist prinzipiell nicht möglich, dass zwei Arten auf unbestimmte Zeit eine völlig gleichartige Nische bilden.

Der evolutionäre Erfolg der Gattung *Homo*, deren Vertreter körperlich weder zu schneller Flucht noch zu großer Körperkraft befähigt und somit im Vergleich zu anderen Großsäugern nahezu wehrlos waren, kann nur dann richtig verstanden werden, wenn wir ihnen besondere kognitive Fähigkeiten zuerkennen. Nur so konnten sie im neuartigen Lebensraum zahlreiche Bedrohungen abwehren und den harten Wettbewerb um Nahrungsressourcen bestehen. *Homo* überlebte – im Gegensatz zum Spezialisten *Paranthropus* – als Generalist, das heißt als eine Form, die das breite Nahrungsspektrum der Savanne einschließlich des reichhaltigen Angebots fleischlicher Nahrung nutzte. Die gegenüber robusten Australopithecinen weniger spezialisierte Nahrungsstrategie des frühen *Homo* erwies sich letztlich als die erfolgreichere. Der wachsende Anteil fleischlicher Nahrung spielte dabei offenbar die entscheidende Rolle. **Fossilien** allein erlauben keinen Aufschluss darüber, ob das Fleisch durch Jagen oder Aasfressen erworben wurde. Feldstudien an rezenten Ethnien, zum Beispiel den Hadza (Tansania) und den Aché (Paraguay), belegen, dass Aas einen wesentlichen Bestandteil der Nahrung bildete. *Homo* löste das

S. 77

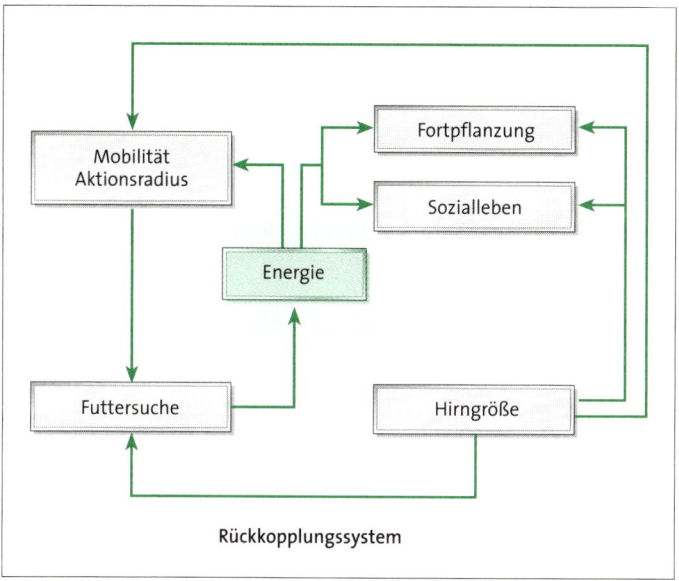

Korrelative Beziehungen zwischen Hirngröße und evolutivem Erfolg, Flussdiagramm

• Problem der Saisonalität in der Savanne vermutlich auch durch die Erschließung schwer zugänglicher Pflanzennahrung, etwa Wurzelknollen.

Nachdem unsere Gattung erst einmal den beschriebenen Weg eingeschlagen hatte, entwickelte sie in der Nahrungskonkurrenz mit sympatrischen (im selben geographischen Gebiet siedelnden) Organismen vollkommen neue Strategien: Dazu gehörten offenbar ein verändertes Paarungs- und Fortpflanzungsverhalten und vermutlich auch die ökonomische Kontrolle über Erwerb, Verteilung und Tausch von Nahrungsressourcen sowie intraspezifische Kooperationsbeziehungen. Mit bis zu 2,7 Millionen Jahre alten Steingeräten des Oldowan liegen unzweifelhafte Dokumente für Werkzeugherstellung und

-nutzung vor. Deren Bedeutung für den initialen Hominisationsprozess sollte aus vergleichend-primatologischer Sicht jedoch nicht überschätzt werden, denn gezielter Werkzeugeinsatz hat nicht zwangsläufig in die Hominisation geführt, wie der **Werkzeuggebrauch freilebender Schimpansen** belegt.

S. 105

Um das komplexe Evolutionsgeschehen besser zu verstehen, wurden in der Paläoanthropologie verschiedene **Evolutionsökologische Modelle** entwickelt, angefangen mit dem die männliche Rolle überbetonenden, also androzentrisch ausgerichteten Jäger-Modell (Richard B. Lee und Irven deVore) über das Nahrungsteilungs-Modell (Glynn Isaac) zum eher gynozentrischen Sammler/innen-Modell der Anthropologinnen Adrienne Zihlman und Nancy Tanner.

S. 91

Es folgten das Paarbindungs-Modell von C. Owen Lovejoy sowie das Ernährungsstrategie-Modell von Kim Hill, wonach die Männer ihre Kopulationspartnerinnen mit Fleisch ›entlohnen‹ – eine sehr chauvinistisch anmutende Hypothese. Dieses Modell hat auch zu klären, wie die Männer an die Fleischressourcen gelangten. Da frühe Hominine eher Gejagte als Jäger gewesen sein dürften, entwickelten Robert Blumenschine und John Cavallo aufgrund ihrer Savannenstudien das Aasfresser-Modell. Die Primatologen David R. Pilbeam und Richard W. Wrangham haben kürzlich ein Modell vorgetragen, wonach die weibliche Erfindung des Kochens von Nahrung, vorwiegend Wurzelknollen, vor 1,9 Millionen Jahren eine Kettenreaktion ausgelöst haben soll, die beim Menschen zu einer stabilen Paarbildung führte. – Geht Liebe also doch durch den Magen?

Zweifel am Taxon *Homo habilis*

Die Erstbeschreibung von *Homo habilis* erfolgte 1964 an Fundmaterial aus Olduvai (Tansania). Die mit den jüngeren Australopithecinen zeitgleichen Homininen zeichnen sich durch eine progressive Grazilität sowie eine relativ höhere Hirnschädelkapazität (> 600 cm³) aus.

H. habilis
Olduvai und Koobi Fora

- Hirnvolumen ca. 550 cm³
- Kauapparat zwar ohne Megadontie, aber *Australopithecus*
  ähnlich
- graziler Körperbau
- extrem lange Arme

H. rudolfensis
Koobi Fora und Uraha

- Hirnvolumen ca. 700 cm³
- massiver *Australopithecus*
  ähnlicher Kauapparat
- Körperbau ?
- Körperproportionen ?

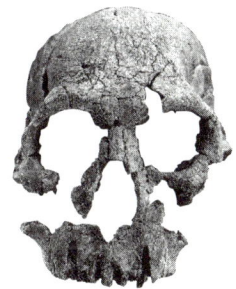

Seit seiner Entdeckung im Jahre 1964 ist *Homo habilis* als Taxon umstritten. Auch die heute übliche Trennung in zwei Spezies *H. habilis* (im engeren Sinne) und *H. rudolfensis* besitzt nur geringe Glaubwürdigkeit.

Das wohl entscheidende Kriterium für die Annahme, es handele sich um den ältesten ›befähigten Menschen‹, waren die in Assoziation mit den Fossilien gefundenen ein- oder zweiseitig behauenen *pebble tools*. Während zahlreiche Anthropologen begründete Zweifel an der Klassifikation äußerten, sahen andere in *H. habilis* ein ideales Bindeglied zwischen grazilen Australopithecinen und dem asiatischen *H. erectus*. Sein Entdecker Louis S. B. Leakey vertrat dagegen die Auffassung, es handele sich bereits um einen direkten Vorläufer von *H. sapiens*.

Als man 1972 in Koobi Fora (Ost-Turkana, Kenia) einen vollständigen Schädel entdeckte, stieg die Akzeptanz für das Taxon, da *H. habilis* mit dem ›KNM-ER 1470‹ erstmals ein ›Gesicht‹ bekam. Die anfängliche Überschätzung seines Alters und seiner Hirnschädelkapazität – das Alter wurde heute auf 1,85 Millionen Jahre und die Hirnschädelkapazität auf 750 cm³ korrigiert – bestärkten die Annahme, dass er ein erster Vertreter einer systematischen Gruppe ist, die in vielerlei Hinsicht bereits uns entspricht. Die ›Glaubwürdigkeit‹ seiner stammesgeschichtlichen Rolle als ältester Vertreter unserer Gattung wurde bestärkt, als weitere ostafrikanische Funde, unter anderem der extrem grazile Schädel KNM-ER 1813, sowie Fossilien aus Südafrika (Sterkfontein und Swartkrans) als Habiline beschrieben wurden. Aus der einstmals ›vorzeitigen Entdeckung‹ (Phillip Tobias) war in den Achtzigern des letzten Jahrhunderts eine akzeptierte Spezies geworden, oder, wie einer der führenden Anthropologen Milford Wolpoff es damals ausdrückte: *H. habilis* ist ein Taxon, dessen Zeit gekommen ist. Diesen Eindruck vermittelte auch die Olduvai-Monographie von Phillip Tobias, der die Fossilien mit den Kosenamen ›Twiggy‹, ›Cinderella‹ und ›George‹ sowie deren Verwandte so meisterhaft vergleichend beschrieb, analysierte und interpretierte. Ein Teilskelett aus Olduvai (O. H. 62) nährte jedoch bald Zweifel, ob bei den Habilinen der zweibeinig-aufrechte Gang überhaupt schon ausgereift war.

Man erinnerte sich auch daran, dass das Hypodigma – darunter versteht man die Gesamtheit aller Fundstücke, die einer Spezies zugeordnet werden – einigen Anthropologen zu heterogen erschien, um die Zuordnung zu nur einer einzigen Art anzunehmen. Der russische Anthropologe Valerij Alekseev hatte schon im Jahre 1986 verlautbaren lassen, dass ›1470‹ vielleicht eine eigene Art darstellen könnte, für die er die Bezeichnung *Homo rudolfensis* vorschlug. Jüngere morphologische Vergleichsanalysen belegen innerhalb der Habilinen Merkmalsunterschiede, die sogar den Sexualdimorphismus bei *Gorilla* noch übertreffen. Nach der mühsam erworbenen Akzeptanz von *H. habilis* hielt man sogar eine Differenzierung in zwei Arten für begründet: *H. habilis* und *H. rudolfensis*. Damit stellte sich aber folgendes Problem: Welche dieser beiden Arten steht in der zu den jüngeren *Homo*-Spezies führenden Linie und welche repräsentiert nur einen Seitenzweig?

Die Vielzahl ungelöster Probleme veranlasste Bernhard Wood, einer der besten Kenner der Habilinen-Fossilien, und Mark Collard zu einer Vergleichsstudie, die das Glaubwürdigkeitsdilemma lösen sollte. Aufgrund der Merkmale Körpergröße, Körperform, Bewegungsmuster, Unterkiefer und Zähne, Ontogenese und Hirngröße erfassten sie die Variabilität innerhalb der fossilen Homininen und schlugen nach ihren kladistischen Analysen eine Reklassifizierung beider Arten in das Taxon *Australopithecus* vor. Das hat weitreichende Konsequenzen, denn die Lücke zwischen den Australopithecinen und *H. ergaster*, dem ältesten unzweifelhaften Vertreter der Gattung *Homo*, ist größer geworden.

Auch der von einem deutsch-amerikanischen Grabungsteam unter der Leitung von Friedemann Schrenk und Timothy Bromage gefundene Unterkiefer UR 501 aus Malawi wäre damit nicht in unserer Stammlinie. Aber aller Erfahrung nach kann man zumindest sicher sein, dass über die Habilinen noch nicht das letzte Wort gesprochen wurde. Es bleibt abzuwarten, ob letztlich doch einige als Habiline klassifizierte Fossilien der Rückstufung auf Australopithecinen-Niveau – salopp gesagt einer Dehumanisierung – trotzen werden. Der Leiter der Anthropologischen Abteilung am New Yorker Museum of Natural History, Ian Tattersall, stellte nämlich kürzlich die These auf, dass *rudolfensis* ein Nachfahre von *Kenyanthropus platyops* sein könnte und vielleicht derselben Gattung angehört, was eine nahezu drei Millionen Jahre lange Trennung der Habilinengruppen bedeuten würde, denn *H. habilis* sieht er als mögliches Schwestertaxon von *H. ergaster* an.

HOMO – EIN ERFOLGSMODELL

Kulturfähigkeit als Quantensprung

Die taxonomische Revision der Habilinen führt zu der Frage, wann *Homo* denn nun wirklich erstmals in Afrika auftrat. Ein afrikanisches Taxon mit geeigneten anatomisch-morphologischen Adaptationen zur Erschließung ungenutzter Ressourcen der Savanne und mit entsprechenden körperlichen und verhaltensbiologischen Eigenschaften ist *Homo ergaster*, ehemals auch als afrikanischer *H. erectus* bezeichnet. Nach Auffassung der Erstbeschreiber Colin Groves und Vratislav Mazák zeigen die *H. ergaster* zugerechneten afrikanischen Fossilien so viele evolutive Neuheiten, dass die Abgrenzung von den *H. erectus*-Funden Asiens notwendig erscheint. Das der Originalbeschreibung zugrundeliegende Exemplar (Holotypus) ist ein Unterkiefer aus Koobi Fora, aber mittlerweile sind Fossilien wie der Schädel KNM-ER 3733 sowie der Jahrhundertfund KNM-WT 15 000 (Turkana Boy) aus Nariokotome (Kenia) die aussagekräftigeren Fossilbelege. Das letztgenannte, von Alan Walker und Richard Leakey 1993 in West-Turkana entdeckte Skelett belegt eindrucksvoll, dass sich an der Grenze vom Tertiär zum Quartär eine einschneidende Entwicklung

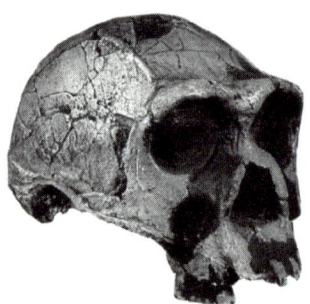

Homo ergaster-Kalvarium KNM-ER 3733

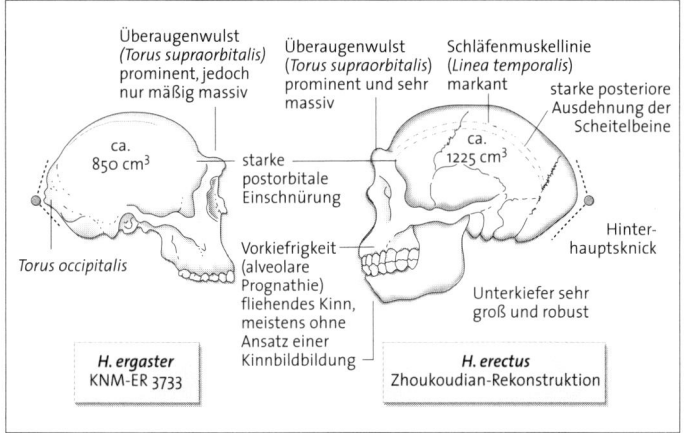

Überaugenwulst
(*Torus supraorbitalis*)
prominent, jedoch
nur mäßig massiv

Überaugenwulst
(*Torus supraorbitalis*)
prominent und sehr
massiv

Schläfenmuskellinie
(*Linea temporalis*)
markant

starke posteriore
Ausdehnung der
Scheitelbeine

ca.
850 cm³

ca.
1225 cm³

starke
postorbitale
Einschnürung

Hinter-
hauptsknick

Torus occipitalis

Vorkiefrigkeit
(alveolare
Prognathie)
fliehendes Kinn,
meistens ohne
Ansatz einer
Kinnbildung

Unterkiefer sehr
groß und robust

H. ergaster
KNM-ER 3733

H. erectus
Zhoukoudian-Rekonstruktion

Morphologische Kennzeichen der Schädel von *Homo ergaster* und *Homo erectus*

in der Homininenevolution vollzogen hat. Die Neuerwerbungen dieser Menschenform sind ein deutlich gesteigertes Hirnvolumen, kleinere Kiefer und Zähne, schmale Hüften, ein enger Geburtskanal sowie die auf ca. 1,85 m geschätzte Körperhöhe verbunden mit einer schlanken Körpergestalt. Diese Merkmale hatten physiologische und physische Konsequenzen, die sich auch in den archäologischen Funden und Befunden widerspiegeln.

Die für *H. ergaster* kennzeichnende Körperhöhensteigerung, die schon an dem Skelett des 12-jährigen, hochgeschossenen Knaben aus Nariokotome ablesbar ist, lässt auf einen größeren Bedarf an hochwertiger Nahrung, eine Steigerung der Körperkraft sowie eine erhöhte lokomotorische Effizienz schließen. Hieraus ergaben sich Konsequenzen für das Verhalten, nämlich eine zeitaufwendigere Nahrungsbeschaffung, entweder aufgrund der Zunahme der Nahrungsvielfalt oder aber eines erhöhten Fleischkonsums. Damit verbunden waren offenbar ein größeres Streifgebiet und eine größere tägliche Wanderstrecke.

Archäologische Befunde stützen die Annahme, dass *H. ergaster* erstmals in der Lage war, dauerhaft in offene und trockene Biotope vorzudringen, denn aufgrund biomechanischer Optimierungen des bipeden Gangs (unter anderem Schrittlänge, Beckenrotation) wird er als ein effizienter Langstreckengeher und -läufer angesehen. Seine schlanke Körpergestalt und das damit verbundene günstige Verhältnis von Körperoberfläche zu -volumen lässt nach physiologischen Regeln große Hitzetoleranz vermuten. Diese Anpassung konnte in gemäßigteren Regionen zugunsten anderer Klimaadaptationen wieder aufgegeben werden. Die große Ähnlichkeit der Schlank- und Hochwüchsigkeit von *H. ergaster* mit der heutigen Savannenbevölkerung lässt auch weitere gleichartige, jedoch nicht mehr rekonstruierbare, durch Hitzestress bedingte Adaptationen annehmen, wie beispielsweise eine starke Pigmentierung der Haut.

Die entscheidende Anpassung in dieser Frühphase der Hominisation betrifft jedoch die Steigerung der kognitiven Leistungsfähigkeit und die kulturelle Innovativität. Offenbar war die Zunahme der Hirngröße ein Auslöser zum evolutiven Erfolg. Zwar sind die Bipedie und die damit verbundene Befreiung der Hände von Lokomotionsaufgaben notwendige Schritte in der Menschwerdung, aber nicht hinreichende Adaptationen. Die essentielle Voraussetzung für die Bildung der *Homo*-spezifischen ökologischen Nische ist der Erwerb der Kulturfähigkeit, der an kognitive Leistungssteigerung gekoppelt ist und die sukzessive Erweiterung der biologisch-genetischen Evolution durch die kulturelle Evolution bewirkte. Seine ›ökologische Superstellung‹ (Günter Osche) verdankt der Mensch der kulturellen Evolution und in ökologischer Sicht vor allem der materiellen Kultur und technischen Evolution, also der Optimierung ›extrakorporaler Werkzeuge‹.

H. ergaster machte eine unvergleichliche Karriere. Er war der erste – uns bekannte – Hominine, der Afrika verließ und in die übrigen Teile der Alten Welt immigrierte, jedoch sind wir uns aufgrund jüngster

Schädelfunde aus Georgien nicht mehr ganz sicher, ob er wirklich der Erste war. Nach den Grundsätzen zoogeographischer Mobilität erlaubte ihm der Wechsel zur Karnivorie respektive Omnivorie einen entschieden weiteren Aktionsradius. Da sie unter vielfältigen Bedingungen leben können (Prinzip der Eurytopie), zeigen Fleischfresser eine deutlich geringere spezifische Biotopbindung. Karnivore können ohne weitere anatomische und physiologische Anpassungen stärker expandieren als stenotope Pflanzenfresser, das heißt solche, die nur in wenigen, einander ähnlichen Lebensräumen auftreten. Die Kongruenz der Radiation von Homininen und großen Raubtieren, etwa der katzen- und hundeartigen Beutegreifer, legt den Schluss nahe, dass Erstere in hohem Maße auf Fleischressourcen angewiesen waren, ob als Aasfresser oder aber als Wildbeuter muss für die frühe Phase offen bleiben. Ferner war diese Spezies offenbar exogen, das heißt, sie wies relativ geringe Spezialisierungen für einen bestimmten Lebensraum auf, was ihr die Nutzung einer sehr breiten Nahrungsnische ermöglichte. Der entscheidende Vorteil von Exogenie besteht darin, bei Änderung der Lebensbedingungen einen Nischenwechsel rasch vollziehen zu können. Das ist jedoch nur dann von Vorteil, wenn die Umweltbedingungen nicht stabil sind und eine Nischenerweiterung beziehungsweise das Erschließen einer anderen Nische strategisch erforderlich ist. Umweltphysiologische Aspekte kennzeichnen schließlich ein drittes allgemeines Prinzip zur Erklärung der Homininen-Expansion, jedoch lassen sich über die klimatischen Anpassungen früher Hominini nur plausibel-hypothetische Vermutungen anstellen (zum Beispiel Körperproportionen, Haarlosigkeit, Pigmentation).

Dass die das tropische Afrika verlassenden Homininen-Populationen die Mobilitätskriterien erfüllten, zeigt ihre erstaunlich schnelle Verbreitung in Eurasien. Warum *Homo* schon bald nach seinem ersten Auftreten in Afrika auswanderte und sowohl in Kontinental- und Südostasien als auch vor den Toren Europas im georgischen Dmanisi erschien, ist bislang noch spekulativ. Waren es Neugier und ›Wanderlust‹, Klimaveränderungen, Ressourcenmangel, Raum- und Fressfeinddruck, Nischenkonkurrenz oder vielleicht epidemiologische Ursachen? Am wahrscheinlichsten scheint die Annahme der Abhängigkeit von der Großfauna, entweder als Aasesser oder schon als Jäger. Vergleichende Analysen an Großsäugergesellschaften stärken die Auffassung, dass der frühe Mensch aus energetischen Gründen nur als obligater, partieller Fleischesser in der Lage war, Landschaften der gemäßigten Zonen mit Jahreszeitenwechsel erfolgreich besiedeln zu können; er befand sich also in einem engen Abhängigkeitsverhältnis zu seiner potentiellen Beute. Evolutionsbiologen wie Helmut Hemmer postulieren, dass der frühe *Homo* gegenüber konkurrierenden Beutegreifern über eine ausreichende Bedrohungskapazität verfügt haben muss, um in dieser koevolutiven Beziehung zu bestehen. Die Rekonstruktion der Steinwerkzeuge erlaubt die Feststellung, dass *H. ergaster* bereits vor 1,7 Millionen Jahren mit Beginn der Acheuléen-Industrie, der ältesten Faustkeil-Industrie, über sehr effiziente Werkzeuge zum Zerlegen von Beute und Kadavern verfügte. Die Artefakte weisen eine deutliche technische Evolution gegenüber den *pebble tools* auf. Dass Steine als Wurfgeschosse dienten, ist aufgrund der physischen Grundausstattung des Menschen als optimaler Werfer mit hoher Wahrscheinlichkeit anzunehmen. Wann Distanzwaffen wie hölzerne Speere erstmals eingesetzt wurden, wird wohl offen bleiben, aber die 400 000 Jahre alten Holzspeere aus Schöningen (Niedersachsen), die bereits eine beeindruckende technische Perfektion aufweisen, mahnen zur Vorsicht, die kognitiven und technischen Fähigkeiten auch viel älterer Vorfahren nicht zu unterschätzen. Dass diese bereits eine hohe soziale Kompetenz besessen haben müssen, die den Zusammenhalt der Clans gegenüber den Unbilden der wechselnden Umwelten ermöglichte und stärkte, ist anzunehmen. Ob dabei Sprache eine Rolle spielte, ist umstritten. Es muss zugestanden werden, dass paläoneurologische Befunde bislang wenig aussagekräftig sind; harsche Kritiker sprechen gar von ›Paläo-phrenologie‹ – eine Anspielung auf die unselige Schädellehre des Wiener Arztes Franz Joseph Gall (1758–1828), der von Schädelformen auf geistige Eigenschaften zu schließen können meinte. Wenn *H. ergaster* aufgrund seines Hirnvolumens auch nur mit einem zweijährigen rezenten Kind gleichzieht, so bedeutet diese Aussage im Hinblick auf die beeindruckenden ethologischen Befunde an höheren Primaten wenig. Wie die Kommunikation beim frühen *Homo* auch immer verlief, eines ist trotz aller offenen Fragen sicher: Es müssen subtile Wechselbeziehungen zwischen Mensch, Kultur und Umwelt zum Tragen gekommen sein, die Phillip Tobias so beschrieb: »Man-plus-culture makes the environment; environment-plus-culture makes man; therefore man makes himself.« Anders formuliert: Wir müssen in unserer eigenen Evolutionslinie mit autokatalytischen Prozessen rechnen, die zu einer starken Beschleunigung der selbstorganisatorischen Entwicklung beigetragen haben.

Homo ergaster – ein Wanderer

Homo ergaster war nach unserem heutigen Kenntnisstand der erste Eroberer der außerafrikanischen Alten Welt. Um den Migrationsprozess des frühen *Homo* zu verstehen, gilt es, die relevanten Fossilien und assoziierten Artefakte, also Werkzeuge und andere kulturelle Hinterlassenschaften, nach Raum und Zeit zu ordnen. Die derzeit ältesten Artefaktfundstätten werden mit den kontrovers klassifizierten Fossilien von *H. habilis* und *H. rudolfensis* in Verbindung gebracht. Datierungen von Fossilien und lithischen Werkzeugen, die das früheste Vorkommen von Homininen außerhalb Afrikas bekunden, machen die Besiedlung Asiens vor rund 2 Millionen Jahren wahrscheinlich. Die Einwanderung nach Europa erfolgte wohl erst deutlich später, vor rund 1 Million Jahren; noch ältere Datierungen sind umstritten. Auch das hohe Alter des 1991 in Dmanisi geborgenen Homininen-

Unterkiefers wurde zunächst stark angezweifelt. Es schien kaum glaubhaft, dass der auf den ersten Blick so modern wirkende, voll bezahnte Unterkiefer (Mandibula), den Antje Justus, eine Mitarbeiterin der Abteilung Altsteinzeit des Römisch-Germanischen Zentralmuseums Mainz, auf dem altpaläolithischen Fundplatz inmitten des Geländes der mittelalterlichen Ruinenstadt in Süd-Georgien gefunden hatte, frühpleistozän sein sollte. Doch die stratigraphischen Befunde des georgisch-deutschen Grabungsteams belegten, dass der Unterkiefer aus Ablagerungen auf einem basalen Lavastrom stammt, dessen Alter paläomagnetisch und aufgrund weiterer Datierungen 1,9 Millionen Jahre beträgt. Die Morphologie des Fossils schien aber vielen Forschern doch eher mit einem jüngeren, evolvierteren *Homo*-Vertreter vereinbar. Morphologische Vergleichsanalysen zeigten, dass der Unterkiefer nicht nur Affinitäten zu archaischen Formen wie *H. ergaster* besitzt, sondern auch enge morphologische Ähnlichkeiten zu jüngeren *erectus*-Funden aus Asien aufweist. Als man im Frühjahr 1999 an derselben Fundstelle zwei gut erhaltene Schädel fand, wurden die Forscher widerlegt, die an dem hohen Alter des Homininen gezweifelt hatten: Der Dmanisi-Mensch existierte bereits zu Beginn des Pleistozän. Da enge Beziehungen zum afrikanischen *H. ergaster* bestehen, klassifizierten die Ausgräber die Fossilien als *Homo ex gr. ergaster*.

Die vorläufig ermittelten Schädelkapazitäten sind mit ca. 780 cm³ respektive 625 cm³ noch recht niedrig. Ob der beachtliche Unterschied zwischen beiden Individuen allein als Geschlechtsunterschied erklärbar ist, bleibt offen. Der amerikanische Anthropologe Jeffrey Schwartz schließt sogar die Möglichkeit nicht aus, dass es sich, den Unterkiefer einbezogen, sogar um drei verschiedene Arten handeln könnte. Diese spekulative taxonomische Aussage macht Milford H. Wolpoff und Rachel Caspari nach eigener Aussage »quite uncomfortable«. In der Tat sollte man gute Argumente haben, wenn man eine solche Aufspaltung der frühen Homininen-Taxa annimmt. Dass

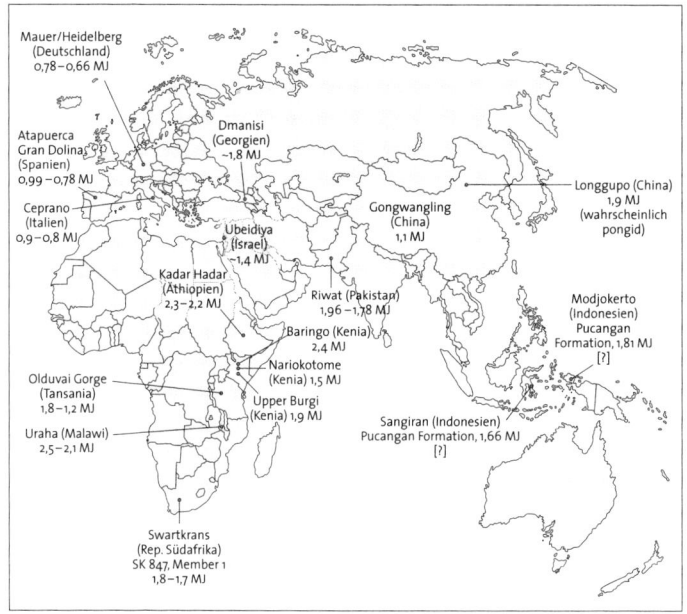

Mauer/Heidelberg
(Deutschland)
0,78–0,66 MJ

Atapuerca
Gran Dolina
(Spanien)
0,99–0,78 MJ

Dmanisi
(Georgien)
~1,8 MJ

Ceprano
(Italien)
0,9–0,8 MJ

Ubeidiya
(Israel)
~1,4 MJ

Kadar Hadar
(Äthiopien)
2,3–2,2 MJ

Riwat (Pakistan)
1,96–1,78 MJ

Baringo (Kenia)
2,4 MJ

Nariokotome
(Kenia) 1,5 MJ

Olduvai Gorge
(Tansania)
1,8–1,2 MJ

Upper Burgi
(Kenia) 1,9 MJ

Uraha (Malawi)
2,5–2,1 MJ

Longgupo (China)
1,9 MJ
(wahrscheinlich
pongid)

Gongwangling
(China)
1,1 MJ

Modjokerto
(Indonesien)
Pucangan
Formation, 1,81 MJ
[?]

Sangiran (Indonesien)
Pucangan Formation, 1,66 MJ
[?]

Swartkrans
(Rep. Südafrika)
SK 847, Member 1
1,8–1,7 MJ

Früheste Spuren des Genus *Homo*

Dmanisi noch viel Forschungsbedarf bereithält, belegt ein kürzlich entdeckter dritter Schädel, dessen Klassifikation zu *H. ergaster* wegen seines ›Spatzenhirns‹ in Frage steht. Seine Ähnlichkeit mit *H. habilis* gibt Anlass zur Vermutung, dass vielleicht schon frühe Hominen vom Habilinen-Typus trotz Ermangelung der für *H. ergaster* beschriebenen Anpassungen als Erste aus Afrika auswanderten. Sollte die Klassifikation der Dmanisi-Hominen als früher *H. ergaster* (oder gar als *H. habilis*, was wohl weniger wahrscheinlich ist) durch weitere Befunde gestützt werden, gäbe es kein Herkunftsproblem.

Die plausibelste – vielleicht auch tatsächlich zutreffende – Erklärung wäre eine sehr frühe Auswanderungswelle von *H. ergaster* (oder einer früheren Form) über den Nahen Osten. Demnach hätte *Homo* schon bald nach seinem Erscheinen in Afrika den Weg nach Norden angetreten. Warum, das ist bislang ein Rätsel. Da noch ein vierter Schädel entdeckt wurde, kommt der georgischen Fundstätte eine Schlüsselrolle bei der Rekonstruktion der ersten Migrationswelle in der Menschwerdung zu.

Die Levante – Kreuzungspunkt früher Wanderungen

Durch schlichte Werkzeuge, deren Alter von mindestens 2,4 Millionen Jahren jedoch bezweifelt wird, könnte die früheste Anwesenheit von Menschen in Yiron (Israel) belegt sein. Sicher datiert sind dagegen die wenigen lithischen Artefakte aus Erq el-Ahmar, einem 1,96 – 1,78 Millionen Jahre alten Fundplatz in Israel. 1,4 Millionen Jahre alte archäologische und faunistische Funde lieferte der Siedlungsplatz Ubeidiya, der von einem israelisch-deutschen Grabungsteam erschlossen wird. Er weist neben Acheuléen-Geräten auch noch ein entwickeltes Oldowan (Kulturstufe, die nach der Olduvai-Schlucht benannt ist) auf. Ferner belegen archäozoologische Befunde eine weitere Verbindung mit Afrika, jedoch fehlen Fossilien von Homininen.

Eine schweizerisch-syrische Grabungsgruppe konnte 1996 in Nadaouiyeh Aïn Askar (Syrien) neben ovalen Acheuléen-Faustkeilen auch ein fast komplettes, 0,5 Millionen Jahre altes Scheitelbein bergen, das mit dem asiatischen *H. erectus* starke Übereinstimmungen zeigen soll. Die archäologischen, faunistischen und paläoanthropologischen Daten in Nahost sollen die Kluft zwischen dem afrikanischen *H. ergaster* und dem asiatischen *H. erectus* schließen. Aber hat diese Kluft überhaupt jemals bestanden? Ausgewiesene Kenner des Fundmaterials beider Kontinente haben doch immer wieder gegen eine Trennung der beiden Taxa plädiert. Das verdeutlicht exemplarisch das Stammbaummodell von G. Philip Rightmire.

Fernasien – Sackgasse der Hominisation?

Mit Erfolg setzte G. H. Ralph von Koenigswald ab 1930 die von Dubois begonnene Suche nach menschlichen Fossilien auf Java fort. Detaillierte stratigraphische Kenntnisse erlaubten es ihm, erstmals die bis zu 2 Millionen Jahre alten fossilführenden Schichten chronologisch zu ordnen. Jüngere Grabungen javanischer Kollegen wie Teuku Jacob und Sastrohamidjojo Sartono lieferten weiteres Fundmaterial, darunter mit ›Sangiran 17‹ aus Sambungmachan auch erstmals einen *H. erectus* mit Gesichtsskelett.

Auch im kontinentalen Fernen Osten war die Suche erfolgreich. Nachdem China als potentieller Fundplatz durch so genannte Drachenzähne aus den chinesischen Drogerien anthropologisches Interesse erregt hatte, kamen bei geologisch-paläontologischen Grabungen in den Höhlen von Zhoukoudian (auch Choukoutien) erste Spuren ›altpleistozäner Menschen‹ zutage, darunter zwei Zähne, die ohne spezielle Artbezeichnung als *Homo sp.* klassifiziert wurden. Nachdem der Amerikaner Davidson Black 1927 erstmals an einem einzigen Backenzahn die Spezies *Sinanthropus pekinensis* beschrieben hatte, konnten durch intensive Grabungen zwischen 1927 und 1937 eine Vielzahl von Schädeln und Zähnen sowie einige Knochenfragmente geborgen werden, die leider in den Wirren des Zweiten Weltkriegs verloren gingen. Dank exzellenter Studien des Anthropologen Franz Weidenreich und präziser Abgüsse ist das Zhoukoudian-Material hervorragend dokumentiert. Die Einschätzung Weidenreichs, dass es sich um Fossilien unserer Gattung handelt, die zur selben Art wie die javanischen *Pithecanthropus*-Funde von Dubois gehören und von diesen nur als Subspezies abzugrenzen seien, führte zur Bezeichnung *Homo erectus pekinensis*. Dagegen wurden die javanischen Funde als *Homo erectus erectus* klassifiziert. Ab Mitte der vierziger Jahre wurden zahlreiche weitere Subspezies von *H. erectus* beschrieben (beispielsweise *H. e. modjokertensis*, *H. e. soloensis* auf

Java, *H. e. youanmouensis*, *H. e. lantianensis* in China, *H. e. narmaden-sis* in Indien). Die Kernfrage ist, ob diese vermeintlichen Unterarten innerhalb eines gradualistischen multiregionalen Evolutionsmodells (Abkürzung: MRE) als direkte Vorläufer von *Homo sapiens* zu verstehen sind oder aber evolutive Sackgassenentwicklungen darstellen. Weidenreich schrieb 1943, dass es »sicher erscheint, daß *Homo sapiens* nicht eines Tages von einer *Pithecanthropus*-Mutter geboren wurde«. Diese Bemerkung verdeutlicht, dass Weidenreichs Modell eine Vermischung mit Populationen aus anderen Regionen nicht nur nicht ausschloss, sondern ausdrücklich annahm. Das hieraus abgeleitete MRE wird uns später noch intensiv beschäftigen, da es in totalem Gegensatz zum Modell eines rezenten afrikanischen Ursprungs (Recent African Origin) steht, wonach erst sehr spät eine Ablösung beziehungsweise Verdrängung der archaischen *H. erectus*-Populationen in Asien und neanderthalider Populationen in Europa durch aus Afrika stammende anatomisch-moderne Populationen erfolgt sein soll.

Nach der heutigen Landkarte müsste man annehmen, dass die Migrationswege früher Homininen in Südostasien ins Abseits führten. Das war nicht immer so, denn früher verband der Sunda-Schelf Sumatra, Borneo und Java mit dem Festland, und Australien bildete zusammen mit Neuguinea und Tasmanien die Landmasse Sahul oder Groß-Australien. Aufgrund eustatischer Meeresspiegelschwankungen ist die frühe Besiedlung von Sahul sehr gut nachvollziehbar, während Australien, Tasmanien und Neuguinea offenbar erst deutlich später besiedelt wurden – wie spät, wird kontrovers diskutiert.

Kulturelle Hinterlassenschaften sind prinzipiell wenig geeignet, das Migrationsproblem zu lösen. Dass sich die ost- und südostasiatische Region hinsichtlich der mittelpaläolithischen Artefakte von der übrigen Alten Welt unterscheidet, ist bekannt, jedoch archäologisch nach wie vor ein kniffliges Puzzle. Dass östlich der so genannten ›Movius-Linie‹ (benannt nach dem Archäologen Hallem Movius)

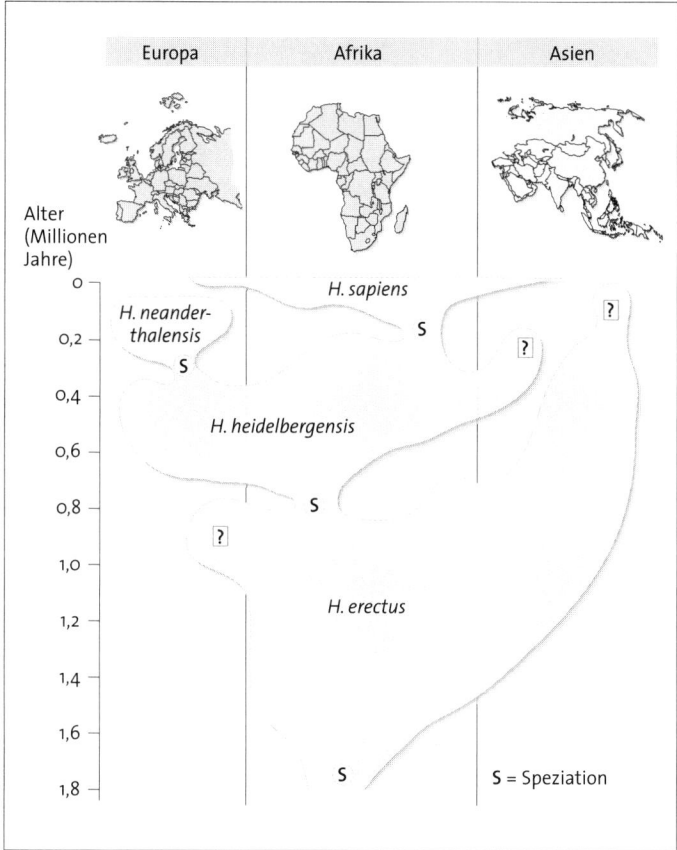

Modell der Speziation des Genus *Homo* nach P. Rightmire

offenbar nur das Oldowan bekannt war, aber kein Acheuléen, könnte folgende Gründe haben: Das Acheuléen fehlt in Ostasien einfach deshalb, weil es noch nicht erfunden worden war, als die Immigranten ihre Ursprungsregion Afrika verließen. Danach muss der Bevölkerungsstrom, der nicht nur über den Nahen Osten, sondern auch durch den heutigen Bab-el-Mandab entlang der südöstlichen Spitze der Arabischen Halbinsel zum Persischen Golf *via* Hormuz zum indischen Subkontinent gelangte und von dort weiter in den Fernen Osten, abgerissen sein. Damit war auch kein Kulturaustausch mehr möglich. Wenn so auch noch lange nicht erklärt ist, warum das Acheuléen bis Indien vordrang, bleibt doch zumindest der Befund, dass es in Asien möglicherweise eine Sackgassenentwicklung gab. Diese Auffassung würde nach Ansicht der Vertreter des *Out-of-Africa*-Modells in Festlandasien und in Südostasien gegen eine gradualistische Entwicklung zum *H. sapiens* sprechen. Entgegen der Annahme von Franz Weidenreich, der ja gerade aufgrund der Befunde an den asiatischen Fossilien sein multiregionales Transitionsmodell begründete, müsste man wenigstens mit einer weiteren, die archaischen Populationen ablösenden Einwanderungswelle von *Homo*-Spezies – nämlich *H. sapiens* – rechnen. Diesen Prozess nehmen die Befürworter eines rezenten afrikanischen Ursprungs des anatomisch-modernen Menschen an.

Europa – *Homo* auf Eigenwegen?

Sollte es sich bei *H. ergaster* und *H. erectus* wirklich um getrennte Arten handeln, gerät man hinsichtlich der Interpretation der bislang zu *H. erectus* gestellten europäischen Fossilien in einen Erklärungsnotstand. Es gilt nämlich dringend zu prüfen, ob diese Homininen auch weiterhin *H. erectus* zugerechnet werden können, anders formuliert: Ist *H. erectus* überhaupt ein valides Taxon der europäischen Homininen? Lange Zeit galt der Unterkiefer von Mauer bei Heidelberg als der älteste europäische Menschenfund. Zusammen mit Funden aus Petralona (Griechenland), Tautavel (Arago, Frankreich), Bilzingsleben (Thüringen), Vértesszöllös (Ungarn), Boxgrove (Großbritannien) sowie weiteren Fundplätzen bildeten sie die Gruppe der so genannten ›Ante-Neandertaler‹, also jenes Menschen, der vor dem Erscheinen der Neandertaler auftrat. Auch heute noch ist der aus dem Cromer-Interglazial II–III (783 000 – 660 000 Jahre vor der Gegenwart) stammende ›Heidelberger‹ das älteste Fossil nördlich der Alpen, aber sein phylogenetischer Status als *H. erectus* steht in Frage. Einige Autoren bezeichnen ihn heute wieder als *Homo heidelbergensis*.

Etwas älter als der Mauer-Unterkiefer sind jüngste Funde aus Südwesteuropa: rund 80 sehr fragmentarische, über 0,78 Millionen Jahre alte Skelettelemente und Zahnfossilien aus der Gran Dolina der Sierra de Atapuerca (Spanien) sowie ein zwischen 0,8 – 0,9 Millionen Jahre alter Hirnschädel aus Ceprano (Italien). Archäologische Quellen machen in Südeuropa eine erste Besiedlung vor ungefähr einer Million Jahren – vielleicht aber auch schon früher – wahrscheinlich.

Während der gut erhaltene Schädel ohne Gesichtsskelett aus Süditalien von seinen Entdeckern als *H. erectus* klassifiziert wurde, halten die spanischen Kollegen die Gran Dolina-Fossilien für eine neue Spezies, die sie *Homo antecessor* tauften. Die neue Art erntete bislang viel Kritik und wenig Anerkennung, da der Holotypus ein kindlicher Oberkiefer ist, der kennzeichnende Affinitäten zu *H. sapiens* aufweisen soll. Nach Auffassung seiner Erstbeschreiber soll *H. antecessor* sich von *H. ergaster* ableiten und der letzte gemeinsame Vorfahr der über *H. heidelbergensis* zu den Neandertalern führenden Linie auf der einen Seite sowie der zu *H. sapiens* führenden Linie auf der anderen Seite sein. Da *H. antecessor* aber bislang in Afrika nicht nachgewiesen wurde und das kindliche Fundmaterial taxonomisch extrem problematisch ist, wäre es ratsam gewesen, die Fossilien weniger spektakulär zu präsentieren. Könnte es sich nicht möglicherweise nur um eine frühe Einwanderungswelle von *H. ergaster* handeln? In dem Stammbaummodell von Rightmire ist so ein letztlich fehlgeschlagener ›Ausflug‹ von afrikanischen *H. erectus*-Populationen, die sich von *H. ergaster* nicht spezifisch absetzen, angedeutet. Da der Fund von Ceprano auch als *H. erectus* angesprochen wird, würde diese Lösung die Koexistenz von zwei unterschiedlichen Homininenspezies, die während des späten Frühpleistozäns in Südeuropa gelebt haben sollen, umgehen. Sie wäre die sparsamste Lösung – aber auch die realhistorisch zutreffende? Sollten wirklich zwei Spezies immigriert sein, gäbe es eine Kaskade von Fragen zu lösen: Wie wanderten *H. antecessor* und *H. erectus* nach Europa ein? Welche Passagen wurden gewählt? Gab es Zeiten, in denen Meeresspiegelschwankungen eine Passage zwischen Tanger und Gibraltar sowie Inselhüpfen über die Große Syrte nach Italien erlaubten, oder erfolgte die Immigration nur über Kleinasien und den Bosporus? Hat es getrennte Einwanderungswellen in die Mediterraneis und nach Mitteleuropa gegeben? Von welcher Spezies leiten sich die jüngeren europäischen Homininen ab? Ist der europäische *H. erectus* vielleicht ein Rückwanderer aus Asien, der möglicherweise auch nach Afrika re-immigrierte?

Dieser Fragenkatalog, der nur einige Kernprobleme anreißt, zeigt die großen Forschungsdefizite bezüglich der frühen Wanderungen auf. Neuere Funde könnten sehr aufschlussreich sein, unter anderem ein ungefähr eine Million Jahre alter Hirnschädel aus Daka (Bouri, Äthiopien). Er gilt nach Ansicht des äthiopisch-amerikanischen Grabungsteams als Beleg dafür, dass der afrikanische *H. erectus* dem asiatischen so ähnlich war, dass eine Speziestrennung nicht gerechtfertigt erscheint. Ob diese Übereinstimmung auch mit den ältesten Europäern besteht, wird gegenwärtig geprüft, aber ein *prima facie*-Urteil zeigt, dass vieles für eine einzige, erfolgreiche, weit verbreitete Art in der Alten Welt spricht.

Hinsichtlich der Abstammung der mittel- und oberpleistozänen Homininen Europas zeichnet sich seit den neunziger Jahren durch die Entdeckung einmalig gut erhaltener Fossilien aus der Sima de Los Huesos von Atapuerca ein stark verändertes Modell ab. Die rund 700 Funde datieren auf ca. 300 000 Jahre, sind also deutlich jünger

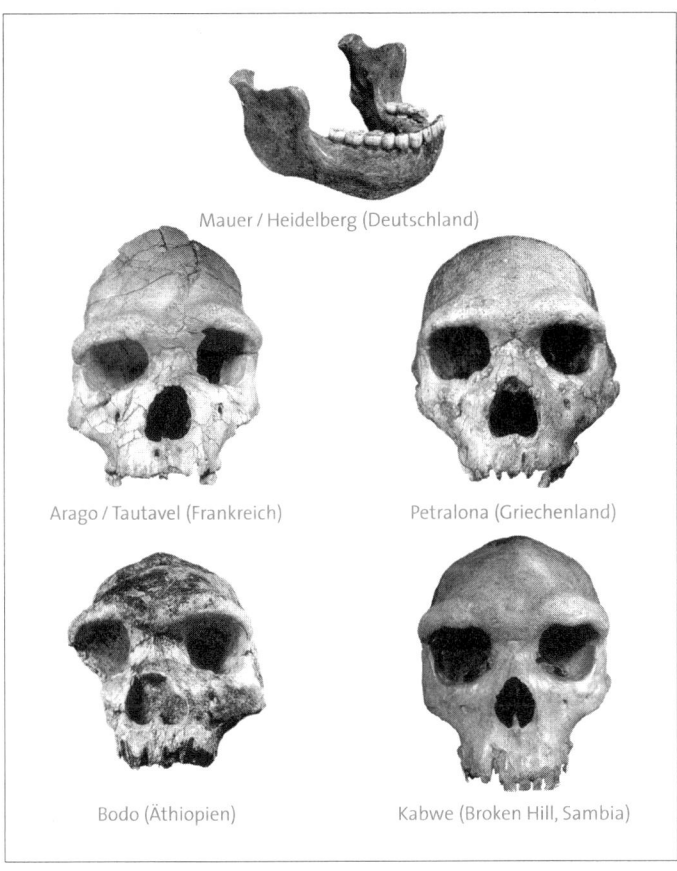

Mauer / Heidelberg (Deutschland)

Arago / Tautavel (Frankreich)   Petralona (Griechenland)

Bodo (Äthiopien)   Kabwe (Broken Hill, Sambia)

Neben dem namengebenden Unterkiefer von Mauer bei Heidelberg zählen einige Paläoanthropologen weitere europäische Funde (zum Beispiel Arago, Petralona) sowie afrikanische Fossilien (etwa Bodo, Kabwe) zu *Homo heidelbergensis.*

als die aus der Gran Dolina. Die extrem variablen Fossilien aus der ›Knochengrube‹, darunter sehr aussagekräftige, fast vollständige Schädel, nehmen in einigen Fällen Merkmalsmuster der klassischen

Neandertaler in abgeschwächter Form voraus (Form der Überaugen-
wülste, Hinterhauptswülste, fehlende Eckzahngrube), während sie in
anderen Merkmalsausprägungen kaum neanderthalide Tendenzen
erkennen lassen. Trotz der irritierenden Variabilität der Stichprobe
verfestigte sich durch die spanischen Fossilien die schon lange zuvor
geäußerte Auffassung, dass die zeitlichen Vorläufer der Neandertaler, die Ante-Neandertaler, nicht länger diesem Taxon zugerechnet
werden sollten. Da die Existenz eines europäischen *H. erectus* bereits
in Frage gestellt worden war, wird derzeit zunehmend die Auffassung vertreten, die Fossilien aus der Sima des los Huesos zusammen
mit den anderen europäischen und afrikanischen (eventuell auch
asiatischen) Formen in der Spezies *H. heidelbergensis* zu vereinigen.
Der Ursprung dieser Art wird – so seltsam dies aufgrund der Na-
mensgebung klingen mag – in Afrika gesehen. Vertraute Fossilien,
die bisher als *H. erectus* oder archaischer *H. sapiens* klassifiziert wurden, wie die Schädelfunde von Broken Hill/Kabwe (Sambia), Floris-
bad (Republik Südafrika), Ndutu (Tansania) oder Bodo (Äthiopien)
aber auch aus Nordwestafrika, zum Beispiel Salé und Thomas Quar-
ry (Marokko), werden in dem neuen Klassifikationsmodell *H. heidelbergensis* zugerechnet. Ob dagegen auch Fossilien aus China (Dali,
Mapa, Xuncian) oder Indien (Hathnora) dazu gezählt werden sollten,
ist umstritten. Einige Paläoanthropologen betonen, dass die Bezeichnung *H. heidelbergensis* nur dann Priorität hätte, wenn das archai-
sche Fundmaterial aus Europa, Afrika und Asien stammen würde.
Sofern es sich aber bei dem afrikanischen und asiatischen Fundmaterial um ›gleich gute‹ Spezies handeln würde, wäre die korrekte
Klassifikation der afrikanischen Form *Homo helmei*. Sollte das Ngan-
dong-Material, das überwiegend als *H. erectus soloensis* geführt wurde, nicht länger als *H. erectus* betrachtet werden, wäre dessen Klassifikation *Homo soloensis*.

Zugestandenermaßen ist das zunächst etwas verwirrend, aber im
Sinne der Paläoanthropologen, die zahlreiche Speziationsereignisse

während der letzten zwei Millionen Jahre annehmen, ist fraglich, ob diese Annahme auch zutreffend ist. Außer den aufgeführten Speziationen müssten zumindest noch zwei weitere Aufspaltungen im ausgehenden Mittelpleistozän erfolgt sein. Aus der Stammart *H. heidelbergensis* entwickelte sich in Europa der Neandertaler. Er würde, sofern er tatsächlich eine eigene Art bildete, dann wieder den alten Artnamen *H. neanderthalensis* tragen. *H. sapiens* hätte sich diesem Modell zufolge vor rund 200 000 Jahren vom afrikanischen *H. heidelbergensis* abgespalten, gelangte sukzessiv nach Asien und Europa und verdrängte dort alle archaischen Populationen – so zumindest die Auffassung derjenigen, die für einen rezenten afrikanischen Ursprung plädieren.

Während einige Paläoanthropologen eine Vermischung von archaischen und anatomisch-modernen Populationen durchaus zulassen, halten andere eine Hybridisierung für ausgeschlossen oder populationsbiologisch nicht relevant. Im letzteren Fall wären die Neandertaler in Europa ebenso wie alle anderen archaischen Populationen der Alten Welt, etwa der Solo-Mensch auf Java, nachkommenlos ausgestorben.

Gegenüber extremen Speziationsmodellen ist erhebliche Skepsis begründet, da die evolutiven Neuheiten der postulierten mittel- und oberpleistozänen Arten offenbar weniger eindeutig sind, als manche Paläoanthroplogen, namentlich die *Out-of-Africa*-Theoretiker, bisweilen behaupten. Das zeigt sich daran, dass sie in der Klassifikation der Fossilien selten konform gehen, dass fließende Zuordnungen zu *H. heidelbergensis* und *H. neanderthalensis* sowie zu *H. heidelbergensis* und dem (früh-archaischen) *H. sapiens* erfolgen. Wenn dann offenbar auch noch erhebliche gradualistische Elemente in die Modelle einfließen – wie der zum Beispiel von einigen Paläoanthropologen hypothetisierte Übergang von einem früh-archaischen zu einem spät-archaischen und weiter zum anatomisch-modernen *H. sapiens* – und wenn ferner auch noch die Vermischung archaischer und moderner Populationen in Europa, aber auch in Asien, als modellkonform angesehen werden und schließlich von einigen Experten gar keine evolutiven Neuerwerbungen der afrikanischen und asiatischen *H. erectus*-Populationen festgestellt werden, also *H. ergaster* und *H. erectus* nicht als spezifisch getrennt gesehen werden, dann hängt dieses Dilemma an grundsätzlich divergierenden Artvorstellungen. Wenn wir aber auf prinzipiell unterschiedlichen evolutionären Artkonzepten aufbauen, dann müssen wir uns über Diskrepanzen in unseren Stammbaummodellen nicht wundern. Was hatten wir bezüglich der Artbildungsprozesse gelernt? Sie erfordern die physische Trennung der präexistierenden Spezies, die Unterbrechung des Genflusses zwischen den Teilpopulationen (**Populations-**

S. 82

genetische Parameter). Die Isolation intraspezifischer Populationen ist somit eine Voraussetzung für Speziationsereignisse. Das Pleistozän sah zwar dramatische klimatische Wechsel, eustatische Oszillationen und höchst bedeutsame Innovationen in der Menschheitsgeschichte – aber, so muss man fragen, ist dieses für Speziationsprozesse optimale Szenario auch ein Beleg dafür, dass so viele Artbildungen im Genus *Homo* seit dem Auftreten von *H. ergaster* erfolgt sind? Eben diese Fragen beantworten die Protagonisten des gradualistischen MRE mit einem klaren Nein.

Transition *versus* Verdrängung

Vertreter des MRE nehmen an, dass die Entwicklungslinien aller modernen Bevölkerungen bis zu dem Zeitpunkt zurückreichen, als der Mensch erstmals Afrika verließ und die übrige Alte Welt besiedelte. *H. sapiens* lässt sich dieser Hypothese zufolge auf ein dichtes Netz von Abstammungslinien zurückführen, die regional und zeitlich variieren. Die Bevölkerungsunterschiede wurden trotz Migrationen und Vermischung seit der frühesten Besiedlung Asiens und Europas aufrechterhalten, ohne dass weitere Speziationsereignisse stattfanden.

Man nimmt – was ausdrücklich betont sei – keinen multiplen, poly-phyletischen Ursprung an, also kein Kandelaber-Modell, wie bisweilen kolportiert wird, denn ein Kandelaber ist ein mehrarmiger Kerzenhalter, dessen Arme – sprich Populationslinien – nach der Gabelung keine Verbindung, also keinen Genfluss aufweisen. Das MRE ist ein durch Genfluss und/oder demische Diffusion vernetztes Stammbaummodell.

Von den Befürwortern einer gradualistischen Evolution der heutigen Menschheit wurde vorgeschlagen, die als *H. erectus* gekennzeichnete Art – inklusive des afrikanischen *H. ergaster* – aufzugeben und nur noch eine Art, nämlich *H. sapiens*, für die pleistozäne Homininen-Linie in allen Teilen der Alten Welt anzuerkennen. Die Protagonisten des *Out-of-Africa*-Modells halten dagegen ein derartiges ›lumping‹ für realitätsfern. Sie nehmen zahlreiche Artbildungen innerhalb der Gattung *Homo* an, sind im Jargon der Paläoanthropologen ›splitters‹ im Gegensatz zu den ›lumpers‹.

Solange die Kontroverse Transition *versus* Verdrängung nur durch die vergleichend-morphologische Analyse von Fossilien ausgetragen wurde, lag ein Patt zwischen MRE und *Out-of-Africa*-Modell vor. Als aber die mitochondrialen DNA-Befunde an rezenten Populationen die Diskussion mehr und mehr beherrschten und aus dem ursprünglichen *Out-of-Africa*-Modell das Paläo- und populationsgenetisch untermauerte *Recent-African-Origin*-Modell (RAO) wurde, wendete sich das Blatt zugunsten der *Out-of-Africa*-Vertreter. Nach mtDNA-Analysen rezenter Frauen soll eine gemeinsame Vorfahrin aller heute existierenden mtDNA-Typen vor rund 200 000 Jahren in Afrika gelebt haben, die man ›Eva‹ und ›*lucky mother*‹ taufte. Dieses Modell, das am besten durch die populäre Botschaft ›Wir sind alle Afrikaner‹ zu kennzeichnen ist, erlitt zunächst Rückschläge und erholte sich immer wieder, aber es ist keineswegs unumstritten, wie John H. Relethford ausführt. Die leider nicht selten populistisch formulierte Aussage des RAO, dass wir alle Afrikaner seien, trifft eben-

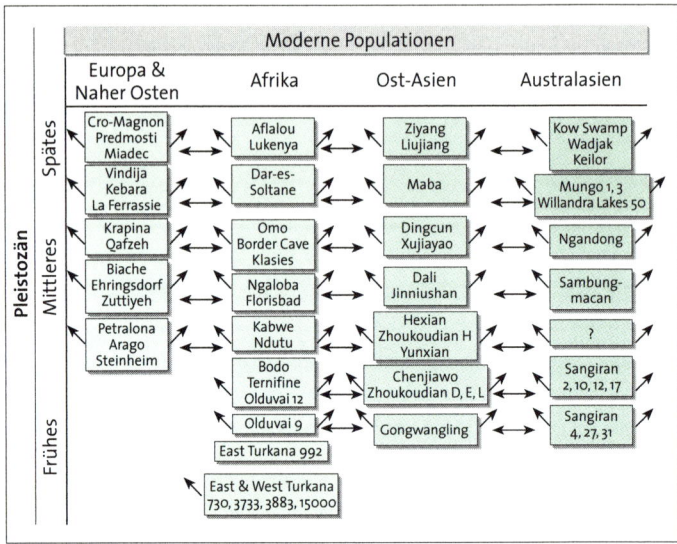

Multiregionales Entwicklungsmodell

falls auf das MRE zu, wenn auch die Multiregionalisten den Ursprung von *H. sapiens* zeitlich viel tiefer ansetzen. Der offensichtliche wissenschaftliche Populismus zur Steigerung von Sympathieraten für das RAO läuft damit ins Leere.

Unterstützung für das RAO kam aus der Arbeitsgruppe des Paläogenetikers Svante Pääbo, der die Isolierung von alter DNA aus dem Skelett des namengebenden Neandertalers aus der Feldhofer Grotte gelungen war. Durch diesen paläogenetischen Erfolg war nun erstmals ein molekulargenetischer Vergleich der mtDNA eines Neandertalers mit der des anatomisch-modernen Menschen möglich. Mittlerweile liegen weitere aDNA-Daten von Neandertalern vor, die dahingehend interpretiert werden, dass die Neandertaler ausstarben, ohne zur mtDNA rezenter Menschen beigetragen zu haben. Heißt das aber auch gleichzeitig, dass sie als unsere Vorfahren aus-

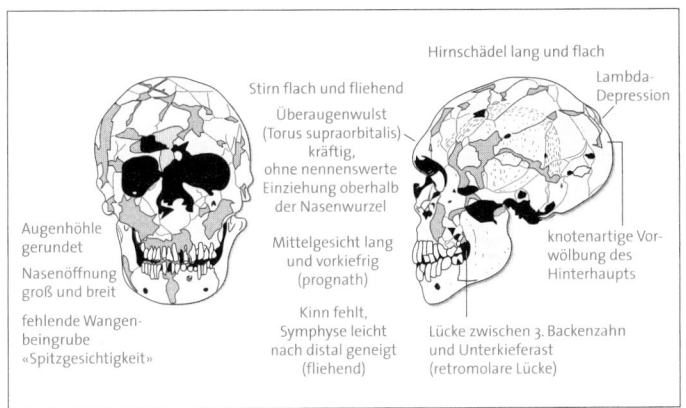

Hirnschädel lang und flach

Lambda-Depression

Stirn flach und fliehend

Überaugenwulst
(Torus supraorbitalis)
kräftig,
ohne nennenswerte
Einziehung oberhalb
der Nasenwurzel

Augenhöhle
gerundet

Nasenöffnung
groß und breit

fehlende Wangen-
beingrube
«Spitzgesichtigkeit»

Mittelgesicht lang
und vorkiefrig
(prognath)

Kinn fehlt,
Symphyse leicht
nach distal geneigt
(fliehend)

knotenartige Vor-
wölbung des
Hinterhaupts

Lücke zwischen 3. Backenzahn
und Unterkieferast
(retromolare Lücke)

Morphologische Kennzeichen des Schädels der Neandertaler, dargestellt am Schädel La Ferrassie 1

scheiden? Nein, denn es ist damit nicht ausgeschlossen, dass die Neandertaler andere Gene, also nukleare DNA (nDNA) zum Genpool moderner Populationen beigesteuert haben.

Dass die Neandertaler mit ihrer gedrungenen Gestalt ›eigenartig‹ waren, steht außer Zweifel. Diese Bewertung ist seit ihrer Entdeckung unumstritten, aber waren sie auch eine eigene Art? Die Antwort bleibt uns die Paläogenetik bislang schuldig. Die unzulässige Verallgemeinerung der aDNA-Ergebnisse, die Neandertaler seien nicht die Vorfahren des anatomisch-modernen Menschen, sind immer wieder kritisiert worden, jedoch nur sehr zögerlich revidierten die Evolutionsgenetiker ihre Position einer totalen Verdrängung und bekundeten, dass auch sie keine definitive Aussage über die taxonomische Stellung der Neandertaler aufgrund der derzeitigen aDNA-Daten treffen können.

Die Diskussionen über den Einfluss der Populationsgrößen, die Bevölkerungsengpässe (*bottle necks*) und Bevölkerungsexpansionen, die geeignetsten genetischen Marker und die grundsätzliche Aussagekraft der mtDNA-Daten sowie die Algorithmen unserer Computersimulationen und vieler anderer Fragen werden auf dem interdisziplinären Feld der Molekular- und Paläopopulationsgenetik und Geninformatik geführt, und hier stehen wir erst ganz am Anfang einer innovativen molekularbiologischen Disziplin mit faszinierenden Perspektiven, die jedoch gegenwärtig noch zahlreiche Fallstricke bereithält. Alle derzeit vorliegenden genetischen Daten sprechen – ebenso wie die morphologischen Befunde – dafür, dass die europäischen Populationen des Mittelpaläolithikums offensichtlich einen eigenen Weg gingen, der in einer neanderthaliden ›Sonderform‹ mündete. Das wird von Multiregionalisten auch nicht bestritten. Bezweifelt wird hingegen die totale Verdrängung archaischer Populationen in der Alten Welt. Für die europäischen Jungpaläolithiker (bisweilen auch Cro-Magnon-Menschen genannt), die unzweifelhaft anatomisch-moderne *H. sapiens*-Bevölkerungen sind, besagt das MRE, dass diese nicht nur aus afrikanischen Bevölkerungen abzuleiten sind, sondern – wenn auch wohl nicht vorwiegend – aus den archaischen Regionalbevölkerungen. Da ›fast moderne‹ Menschen schon vor rund 100 000 Jahren im Nahen Osten (bei Skhul und Qafzeh) lebten, ist die Annahme naheliegend, dass diese Bevölkerungen aus Afrika *via* Levante nach Europa immigrierten. Weil diese bisweilen mehr programmatisch als korrekt als ›Proto-Cromagnoide‹ titulierten Populationen aber einerseits noch eine Levallois-Moustérien-Kultur besaßen, und andererseits einer der jüngsten Neandertaler aus St. Césaire mit der jungpaläolithische Elemente aufweisenden Châtelperronien-Industrie assoziiert war, sind die Probleme komplexer, als zunächst angenommen.

Hinsichtlich der Kontroverse MRE *versus* RAO zeichnet sich gegenwärtig als plausibelstes Modell ein Szenario ab, das John H. Relethford als ›*Mostly Out-of-Africa*‹ beschreibt. Das ist – entgegen der ersten Vermutung – ein multiregionales Modell, bei dem Afrika am stärksten zu der akkumulierten Vorfahrenschaft in anderen Regio-

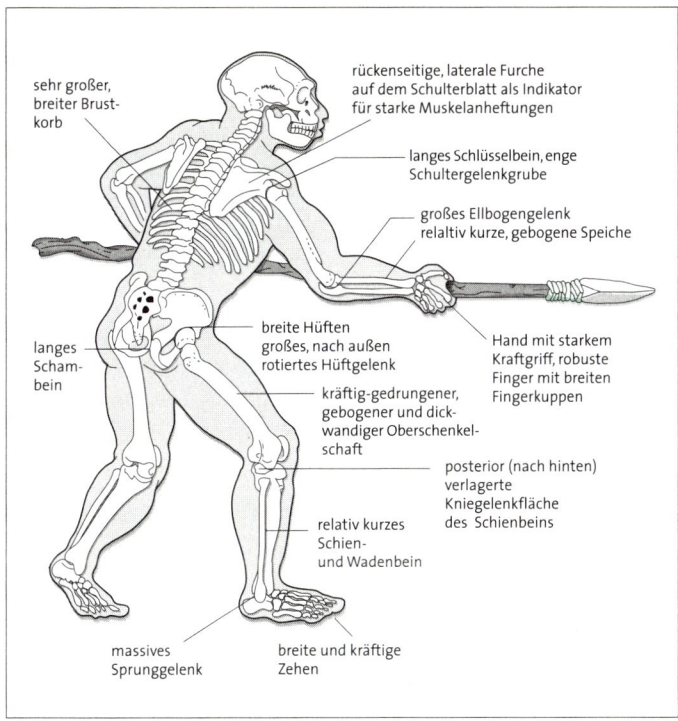

Typische Kennzeichen des Neandertaler-Skeletts

nen beiträgt. Worin die adaptiven Vorteile der afrikanischen Emigranten gegenüber den autochthonen Populationen lagen, ist weitgehend spekulativ. Dass es allein die Sprachfähigkeit war, wie einige vermuten, ist sehr zweifelhaft; es könnten auch nur kleinste Fitnessvorteile in der Reproduktion und Aufzucht der Nachkommen gewesen sein, die den Immigranten auf längere Sicht ein demographisches Übergewicht gaben.

Die Revolution, die keine war

Dem Fossilreport zufolge haben sich mit Sicherheit vor vier, wenn nicht gar schon vor sechs Millionen Jahren hominide Primaten aufgerichtet und Bipedie als fakultative Lokomotionsform neben einem Bewegungsrepertoire wie Klettern, Hangeln oder eventuell auch schon Knöchelgang, der heute nur für die afrikanischen Menschenaffen kennzeichnenden Fortbewegungsweise, praktiziert. Erst vor rund 2,6 Millionen Jahren sind Populationen des frühen *Homo* – oder von *Australopithecus* – zu einer dauerhaften Bipedie übergegangen. Nahezu zeitgleich ist es zu einer Höherentwicklung des Gehirns gekommen, wobei spezifische anatomische Veränderungen zu einer wirksameren Thermoregulation geführt haben. Die effizientere Kühlung des Gehirns durch Funktionsänderungen in der Venendrainage des Hinterhaupts schuf die neurologischen Voraussetzungen zur Erschließung arider Habitate (Lebensräume).

Die nachweisliche Steigerung der Hirnschädelkapazität der Homininen korreliert mit dem Gebrauch und der Herstellung von Steinwerkzeugen, was jedoch noch nicht einen kausalen Zusammenhang belegt. Geht man davon aus, dass es benutzte Objekte auch ohne jede Vorbereitung und Gebrauchsspuren gibt und dass diese auch aus vergänglichem Material, etwa Holz, gewesen sein könnten, so sind die Anfänge der Werkzeugnutzung nicht fassbar, zumal taphonomische Prozesse (Verwesungsprozesse) den Nachweis erschweren oder gar unmöglich machen. Die qualitative Aufeinanderfolge der Werkzeuge weist zahlreiche Stufen von der Benutzung unveränderter Werkzeuge bis zur Herstellung gut ausgearbeiteter Werkzeuge mit Gebrauchsspuren auf (**Werkzeugkulturen**). Ein detaillierter Nachweis der Verwendung ist nur mittels ausgefeilter Methoden der experimentellen Archäologie zu erbringen. Die einfache Formel ›Werkzeugnutzer gleich Mensch‹ gilt jedoch nicht, weshalb als Überbegriff von Werkzeuggebrauch, -herstellung oder -konstruktion der

S. 108

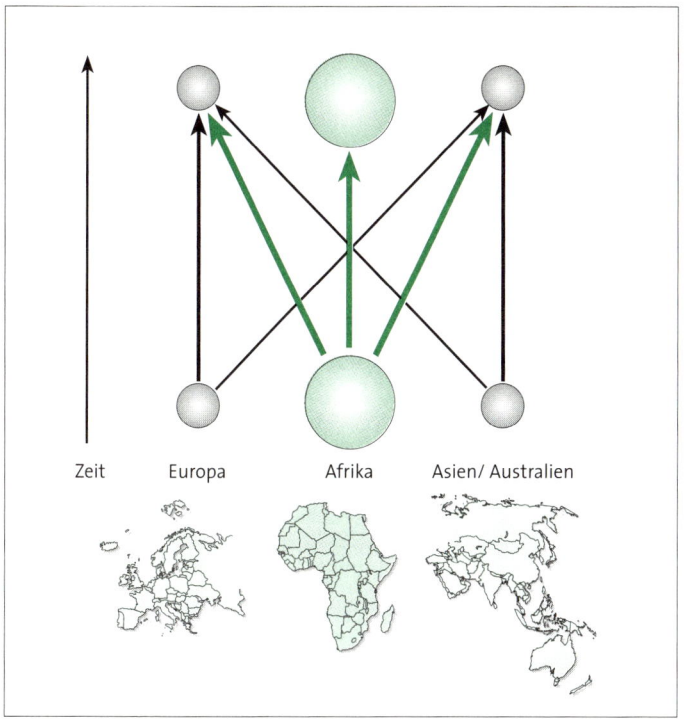

Mostly-Out-of-Africa-Modell nach J. Relethford

umfassendere Begriff Technik (von griechisch *techne*, Fertigkeit) vorgeschlagen wurde. Nach allgemeiner Auffassung beginnt die menschliche Technik mit der Herstellung von Werkzeugen. Es kann jedoch nicht ausgeschlossen werden, dass bereits vor der Bearbeitung Steine gezielt nach bestimmten Kriterien ausgewählt wurden, dass also ›wissenschaftliches‹ Denken älter als technisches Handeln ist. Prähistorische Lagerplätze unbehauener Fundstücke, so genannte Manuports, die offenbar aus weiterer Entfernung zusammengetragen wurden, könnten ein Beleg dafür sein. Der Einsatz von unbearbeiteten Steinen bei Aggression und Verteidigung, wie er bei heutigen Schimpansen zu beobachten ist, lässt eine frühe ›Werferkultur‹ annehmen. Träfe dies zu, wären Steinwerkzeuge bereits Fortentwicklungen und damit Teil einer älteren Kultur.

Dass das Werfen einen zentralen Aspekt des antagonistischen Verhaltens darstellt, ist immer wieder thematisiert worden. Es ist durchaus plausibel, dass es auch die Wurzeln der Jagd bildet, aber ebenso wichtig dürfte der Einsatz von Grabwerkzeugen gewesen sein; so wird vermutet, dass organische Materialien, etwa Knochenzapfen von Antilopenhörnern, bereits von *Australopithecus* oder *Paranthropus* als Werkzeuge – zum Beispiel als Grabstöcke – verwendet wurden. In der frühen Hominisation hat der Gebrauch von Werkzeugen, aus welchem Material auch immer, zu einer erheblichen Nischenerweiterung geführt. Jede leistungssteigernde technische Innovation brachte einen Konkurrenzvorteil – der Weg in die technische Evolution erwies sich als erfolgreiche Strategie, bahnte die Entwicklung von der Oldowan-Industrie mit ihren einfachen *pebble tools*, den einseitig (*chopper*) und zweiseitig behauenen Werkzeugen (*chopping tools*), zur ältesten Faustkeil-Industrie, dem Acheuléen.

Das Acheuléen ist 1,4 Millionen Jahre alt und lässt sich beispielsweise in Europa noch vor 200 000 Jahren nachweisen, fehlt aber in Asien östlich der so genannten Movius-Linie. Das begründet die Vermutung, dass Homininen-Populationen schon vor der Entstehung dieser Faustkeil-Industrie aus Afrika auswanderten. Auch die Fundstätte Dmanisi könnte dafür ein Beleg sein. Dem ersten Emigranten ist es dennoch gelungen, mit äußerst einfachen Oldowan-Werkzeugen die Alte Welt zu besiedeln. Das Erstaunlichste ist aber, dass es offenbar auch keines besonders großen Gehirns bedurfte, um in nördlichen Breiten mit Jahreszeitenwechseln zu bestehen. Aus energetischen Gründen ist zu postulieren, dass der frühe Mensch in einem engen Abhängigkeitsverhältnis zur Großfauna stand, um seinen Fleischbedarf durch Verzehr von Aas oder Jagdbeute zu decken.

Das derzeitige evolutionsökologische Szenario widerspricht der allgemeinen Vorstellung, dass die Verbreitung kleiner Homininenpopulationen und deren Ernährungs- und Überlebensstrategien sich in der Körpergestalt und dem kulturellen Inventar deutlich abzeichnen müssten (**Evolutionsökologische Modelle**). Offenbar haben wir uns S. 91 zu lange an stereotypen Vorstellungen vom Aussehen und von der Leistungsfähigkeit unserer Ahnen orientiert. Nur so lässt sich das selbst in Wissenschaftskreisen ungläubige Staunen über die Holzspeere aus Schöningen erklären. Diese Waffen der Altpaläolithiker sind Beleg für ein leistungsfähiges Gehirn und geschickte Hände. Archäologische Experimente mit nachgebauten Speeren belegen deren hohe Effizienz. Die Fertigungspräzision und Trimmung dieser Distanzwaffen dokumentiert, dass schon der mittelpleistozäne *Homo* zur vorausschauenden Planung von Großwildjagden in der Lage war – was ihm bislang nur wenige zugetraut haben.

Auch den Neandertaler hat man ständig in seiner Leistungsfähigkeit unterschätzt. Das nach dem französischen Fundort Le Moustier bezeichnete Moustérien ist eine Abschlagkultur. Die durch eine Abschlagtechnik gefertigten Artefakte, unter anderem Schaber, Kratzer, Bohrer, Stichel und Doppelspitzen, sind sehr vielfältig und wesentlich graziler als die Acheuléen-Werkzeuge. Hauptgeräte sind die aus einem breiten Abschlag geformte Moustier-Spitze (Hand-Spitze) sowie der Moustérien-Zweiseiter, der Faustkeil dieser Epoche. Die Moustérien-Industrie zeigt fließende Übergänge vom Acheuléen bis zu den jungpaläolithischen Industrien, zum Beispiel dem Aurignacien. Während in Europa vornehmlich die Neandertaler Hersteller des Moustérien waren, war es im Nahen Osten auch noch der ›fast‹ anatomisch-moderne Mensch. Die Skhul-Qafzeh-Populationen der Levante hatten bereits vor 100 000 Jahren eine ausgefeilte Levallois-Moustérien-Technik. Dass diese frühen Vertreter des *H. sapiens* offenbar noch Werkzeuge verwendeten, die auch die Neandertaler nutzten, mag zunächst wenig überraschen; dass aber die jüngsten

Neandertaler, wie 32 000 Jahre alte Funde aus dem französischen St. Césaire belegen, mit dem Châtelperronien die älteste jungpaläolithische Industrie nutzten, widerlegt die ehemals angenommene Kombination Neandertaler / Moustérien und anatomisch-moderner Mensch / Jungpaläolithikum. Wir haben es mit fließenden Übergängen zu tun, wobei die Urheberschaften nicht eindeutig sind. Waren die Neandertaler wirklich nur die Nutznießer eines Kulturtransfers?

Dass die Neandertaler, die im Nahen Osten über max. 60 000 Jahre mit dem ›fast‹ anatomisch-modernen Menschen koexistierten und auch in Europa vor ungefähr 50 000 – 30 000 Jahren zeitgleich mit Jungpaläolithikern lebten, nicht die tumben Menschen waren, zu denen sie in den Populärwissenschaften häufig herabgewürdigt werden, ist mittlerweile unbestritten. Sie kannten Schmuck, bestatteten ihre Toten und waren harschesten ökologischen Anforderungen ausgesetzt, die sie bewältigten. Dennoch bleibt natürlich unbestritten, dass sowohl die kulturellen Formen als auch die Ausdrucksformen des Verhaltens anatomisch-moderner Populationen im Vergleich zu denen der Neandertaler in ihrer Komplexität enorm gesteigert wurden. Ob hierfür sprachlich-kommunikative Faktoren ausschlaggebend waren, ist entgegen der Annahme, dass Skelettmerkmale dies begründen würden, aus vergleichend-morphologischer Sicht nicht haltbar. Hinsichtlich der *little more fitness* der erfolgreicheren Immigranten wurde viel spekuliert, aber bisher sind die Gründe für die evolutive Überlegenheit der Jungpaläolithiker nicht bekannt. Es könnten deren erfolgreicheres *coping* ebenso wie eine geringere Mortalitätsrate gewesen sein. Nach dem Evolutionsbiologen Robert Foley sprechen ein großes Streifgebiet, sehr lange Tagesaktivitäten, die Organisation in komplexen Großgruppen und die gezielte Auswahl hochwertiger Nahrung für ihren ökologischen Erfolg. Die jungpaläolithischen Industrien geben hierüber unzureichend Aufschluss. Das Aurignacien, Gravettien, Solutréen, Magdalénien sowie Ibéromaurusien und andere Kulturen weisen im Vergleich zum Mousté-

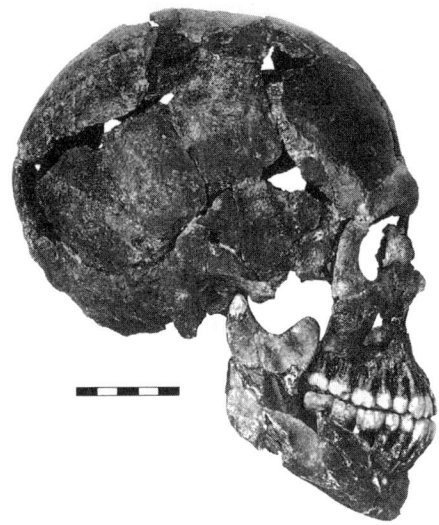

Seitenansicht des Schädels Qafzeh 9, eines ›fast‹ anatomisch-modernen Menschen aus dem Nahen Osten

rien entschieden elaboriertere Artefakte auf, zum Beispiel feine Stichel und Klingen aus Stein, Nadeln sowie Spitzen aus Knochen und Elfenbein – alles ohne Zweifel innovative Produkte.

Neuerdings wird angenommen, dass diese Innovationen auf Fortschritte in spätpleistozänen afrikanischen Gesellschaften des *Middle-Stone-Age* zurückgehen, gleichsam importiert wurden. Selbst wenn die jungpaläolithischen Industrien nicht autochthon (am Fundort entstanden) wären, so belegen die bisherigen archäologischen Funde doch, dass sich deren faszinierende Innovativität vorwiegend in Europa entfaltete, was auch für kulturelle Zeugnisse wie Ornamente, Skulpturen, Statuetten und die grandiosen Felsmalereien (zum Beispiel in Altamira, Lascaux, Chauvet, Cosquer) gilt. Der Mensch schuf im Jungpaläolithikum erstmals unzweifelhafte Kunstobjekte, wie Elfenbeinfiguren aus der Schwäbischen Alb zeigen.

Auch Musikinstrumente wie eine 35 000 Jahre alte Schwanenknochenflöte aus dem Geißenklösterle sind dokumentiert, und damit erreichte das Menschsein vor 40 000 Jahren eine neue Qualität. Dass dieser ›kulturelle *Big Bang*‹ möglicherweise an außereuropäischen Orten Vorläufer hat, ist nicht auszuschließen. So sollen in jüngster Zeit entdeckte, 70 000 Jahre alte, mit Ritzungen verzierte Ockerpigmentstücke aus der Blombos-Höhle nahe Kapstadt Indiz für einen südafrikanischen Ursprung von Kunst sein. Da leicht vergängliche Materialien aus Rinde, Holz oder Leder nicht überliefert sind und auch keine Hinweise auf Körperbemalung ermittelt werden können, ist wohl niemals verlässlich festzustellen, wann erstmals eine eu-kulturelle Stufe der Symbolbildung entstand, das heißt die Fähigkeit, Lern- und Lehrinhalte auf materiellen Trägern aufzuzeichnen. Da Symbolismus einen hohen Abstraktionsgrad voraussetzt, wird er als spezifisch menschlich angesehen.

Wenn man Evolution generell als informationsverarbeitenden und -gewinnenden Prozess versteht, so wurde mit der Entstehung des zweiten, tradigenetischen Informationssystems – das erste war das biogenetische – der Schwerpunkt der Musterausbreitung auf die Weitergabe und Wirkung intellektueller Muster verlegt. Mit diesem Schritt, beginnend mit dem Einsatz von Werkzeugen, dem Teilen und Tauschen von Nahrung dürfte auch die typischste menschliche Fähigkeit, die Symbolsprache, entstanden sein. Wann sich Sprachfähigkeit entwickelte, ist umstritten, aber es ist kaum vorstellbar, dass Speere wie die aus Schöningen ohne sprachliche Vermittlung hergestellt werden konnten. Die Vergesellschaftung der Homininen schließt eine sehr frühe **Sprachevolution** nicht aus, im Gegenteil, denn Sprache hat neben der symbolischen Information hohe Bindungsfunktion. Dass einige Paläoanthropologen selbst den Neandertalern sprachliche Fähigkeiten absprechen, wird nicht bloß durch das dem anatomisch-modernen Menschen gleichende Zungenbein des Neandertalers von Kebara in Frage gestellt, sondern kann wohl

S. 112

aufgrund der komplexen Evolutionsökologie dieser fossilen Menschenform als widerlegt gelten.

Mögen die Unterschiede zwischen dem Leistungsspektrum der Neandertaler und der Jungpaläolithiker in Technologie, Kunst und Verhalten noch so auffällig sein, so sollte man nicht versucht sein, darin einen Beweis für einen radikalen Wandel in den intellektuellen Fähigkeiten auf total veränderter neurologischer Basis zu sehen. Dieser Schlussfolgerung wäre der Trugschluss immanent, dass der Ausdruck von Kultur und die Fähigkeit zur Entfaltung von Kultur identisch seien. Denn nach dieser Denkweise wären etwa die Bevölkerungen des 19. Jahrhunderts weniger intelligent als die des 20. Jahrhunderts, da ihnen alle Kenntnisse in Kernphysik, Informatik und Raumfahrt fehlen. Diese Anschauung wäre kulturrassistisch, da das Vorhandensein oder Fehlen von kulturellen Errungenschaften über den Status der Menschlichkeit entschiede. Um solchen unzulässigen Kategorisierungen zu entgehen, sollte jede biologische Spekulation dieser Art unterlassen werden. Der entscheidende Schritt in der Menschwerdung wäre demnach der grundsätzliche Erwerb der Kulturfähigkeit.

Nach der Theorie des Archäologen Steve Mithen verlief die Entwicklung der Kognition über spezifische, separate Domänen, etwa die soziale, die technische und die linguistische Kompetenz. Die Alt- und Mittelpaläolithiker besaßen einen hohen Grad an Intelligenz innerhalb des technischen und sozialen Feldes, aber diese Fähigkeiten waren in ›mentalen Silos‹ verborgen. Es gab nur wenig vernetztes Denken und wenige Fähigkeiten zur vorausplanenden Strukturierung von Umwelten. Alle Quellen sprechen für das Fehlen von feinstrukturierten Umweltanpassungen, wie zum Beispiel einfache Werkzeuge belegen. Darüber hinaus vermutet Mithen, dass bildlicher Symbolismus erst vor 50 000 Jahren auftrat und zwar als übergreifendes Denken möglich wurde, das heißt die Fähigkeit, Symbole herzustellen und zu verwenden.

Dass diese Effekte im Jungpaläolithikum, der großen Zeit der Eiszeit-jäger, die Komplexität der kulturellen Ausdrucksformen steigerten, ist offensichtlich. Das hohe jungpaläolithische Alter der Cosquer-Höhle und der schwäbischen Figuretten verwundert viele, denn es wirft Probleme im evolutiven Verständnis auf, aber diese Fulgura-tion, dieses blitzartige Aufleuchten des menschlichen Geistes, ist durchaus theoriekonform.

Faszinieren im Jungpaläolithikum neben der Kunst auch die Per-fektion der Jagd (man denke an die Speerschleuder), das Sammeln vielfältigster Nahrung und ausgefeilte Behausungen, so zeichnet sich im Mesolithikum und in der Transition zum Neolithikum ein ein-schneidender Wechsel der Wirtschaftsweise ab: Der jagende und sammelnde Mensch wird sesshaft, geht von der aneignenden zur produzierenden Wirtschaftsweise über. Mit dem sesshaften Bauern-tum, mit Ackerbau und Viehzucht, entwickelten sich neue soziale Strukturen. Ausgangspunkt dieser Entwicklung ist der Vordere Orient, wo bereits 8000 v. Chr. der eigentliche Umbruch beginnt. Die ökonomischen und kulturellen Veränderungen breiten sich über Südosteuropa, den Balkan und die Mittelmeergebiete in den nächs-ten Jahrtausenden bis nach Mitteleuropa aus und erreichen nahezu zeitgleich Indien und China.

Trotz Werkzeug, Religion und Sprache waren die pleistozänen Jäger/innen und Sammler/innen der Natur noch gewissermaßen unterlegen. Erst als bewusst das erste Korn gesät und geerntet wurde, als nicht mehr der biologische Wettbewerb, nicht mehr die natürliche Selektion, sondern der Mensch über Prozesse der Natur entschied, begann er die Gesetze der Biologie seinen Interessen un-terzuordnen. Sesshaftwerdung und Domestikation, die zunehmende Arbeitsteilung und der unbändige Gestaltungswille und Forscher-drang der rapide gewachsenen polymorphen und polytypischen Art *H. sapiens* läuteten eine neue Phase der Menschwerdung ein, in der sich der Mensch zunehmend von der Natur emanzipierte.

VERTIEFUNGEN

Fossilien

Häufig wird die Auffassung vertreten, dass die Evolution an Fossilien, also an versteinerten Überresten früherer Lebewesen, direkt ablesbar sei und dass die Reste ausgestorbener Lebewesen, die man auch Zeugen der Vergangenheit nennt, Beweise für Evolution seien. Zweifelsohne sind Fossilien wichtige Belege für die Stammesgeschichte von Organismen, jedoch liefern sie keine unmittelbare faktische Information über den speziellen Ablauf der Evolution. Die populistische Formulierung ›Fossilien reden‹ trifft nicht den korrekten Sachverhalt. Daher lauscht der Paläoanthropologe, der etwas über die Menschwerdung erfahren will, vergeblich. Desgleichen ist auch die Ansicht ›mehr Fossilien – mehr Wissen‹ nur im Kontext stringenter Stammesgeschichtsmodelle gültig. Die Vorstellung, Fossilien würden die Stammesgeschichte von Organismen gleichsam von selbst erläutern, ist also irrig. Den Fossilien kommt bei den Rekonstruktionsversuchen nur Belegcharakter zu.

Stammesgeschichtsforschung am Menschen ist nicht ausschließlich Fossilkunde, sondern theoriegeleitete multidisziplinäre Analyse. Gut begründete Hypothesen, die mit einem geeigneten Methodeninventar überprüft, gestützt oder widerlegt werden können, und deduktive Modelle über unseren stammesgeschichtlichen Eigenweg sind notwendige Voraussetzungen für tragfähige Vorstellungen über den Menschwerdungsprozess.

Die zahlreichen neuen Fossilfunde, wie beispielsweise *Kenyanthropus platyops*, *Orrorin tugenensis*, *Ardipithecus ramidus kadabba* oder *Sahelanthropus tchadensis*, die in jüngster Zeit in Ost- und Nordafrika geborgen wurden und wegen ihres frühpliozänen beziehungsweise sogar spätmiozänen Alters als früheste Vertreter der menschlichen Stammlinie angesehen werden, vermitteln zwar einen Eindruck von ihrem evolutiven Organisationsgrad – der übrigens stets ein Mosaik typisch menschlicher und typisch menschenäffischer Merkmalsmuster widerspiegeln muss, da die neue Stammlinie erst begründet worden ist. Sie lassen aber für sich allein betrachtet, also durch bloße Inspektion und ohne multidisziplinäre Einbettung in überprüfbare Modelle zur Menschwerdung, nur sehr unzureichende Schlussfolgerungen zu über die phylogenetischen Beziehungen zu Menschenaffen und anderen Menschenformen, zum speziellen Ablauf des Merkmalswandels von ›ursprünglich‹ zu ›evolutiv verbessert‹, zur zeitlichen Abfolge der Veränderungen, zum Lebensraum und zur kulturellen und kognitiven Leistungsfähigkeit beziehungsweise Ausstattung dieser Formen, um nur einige Aspekte hervorzuheben. Die teilweise erhitzten, emotionsbehafteten und nicht immer sachlich geführten Diskussionen über den jeweiligen Stellenwert der Fossilfunde im Rahmen des Menschwerdungsprozesses belegen die Notwendigkeit theoriengeleiteter Forschung, ohne die selbst das besterhaltene Fossil über die beispielhaft genannten Aspekte der menschlichen Evolution keine auch nur annähernd gesicherten Aussagen machen kann.

Ein zentrales Problem bei der Rekonstruktion der Stammesgeschichte einer Organismengruppe ist die Frage nach dem Aussehen der Vorfahrenart, aus der sich eine neue Art, eine neue Stammlinie entwickelt hat. Gemäß Vereinbarung ist das Merkmalsgefüge des Vorfahren ursprünglicher als das des stammesgeschichtlichen Nachfahren, der funktional und adaptiv wirksamere evolutive Neuheiten aufweist. Als Faustregel gilt: In je mehr zoologisch-systematischen Gruppen ein Merkmal verbreitet ist, desto ursprünglicher ist es. Beispielsweise ist die fünfstrahlige Pfote in vielen systematischen Kategorien der Säugetiere anzutreffen. Dieses Merkmal ist ursprünglich. Dagegen ist der einstrahlige Fuß der Pferde das abgeleitete Merkmal und nur bei den Unpaarzehern verbreitet. Auch die Hand der Primaten einschließlich des Menschen ist in der Regel fünfstrahlig und in diesem Merkmal ursprünglich, während andere Merkmale der Hand, wie die Bewegungsfähigkeit des Daumens, die die Hand zum Präzisions- und Kraftgriff befähigt, abgeleitet, also unter funktionsmorphologischen Gesichtspunkten betrachtet, die evolutive Neuheit darstellen.

Am einzelnen Fossil, insbesondere einem neuen, dessen taxonomische Zuordnung noch unklar oder noch nicht vollzogen worden ist, lässt sich nicht immer zweifelsfrei entscheiden, an welcher Stelle der Transformationskette die einzelnen Merkmale einzuordnen sind. Hierzu bedarf es einer vollständigen Transformationsreihe des Merkmals vom ursprünglichen zum abgeleiteten Zustand. Erst dann ist eine Aussage über die zu fordernde Merkmalskonfiguration beim hypothetisierten Vorfahren einer Stammlinie zu machen.

mtDNA- und y-Chromosom-Analysen

Die Mitochondrien, auch Kraftwerke der Zelle genannt, enthalten eine kurzkettige, meist ringförmige, nur 37 Gene enthaltende DNA (mitochondriale DNA). Diese mtDNA lässt sich im Gegensatz zur Kern-DNA (nDNA), die sehr viel mehr, ca. 30 000 Gene enthält, relativ leicht analysieren und wird, ebenfalls im Gegensatz zur nDNA, ausschließlich über die Mutter-Tochter-Linie weitergegeben. Mitochondriale DNA weist mehr Mutationen als nDNA auf. Möglicherweise liegt die Ursache hierfür in einem weniger effizienten Reparaturmechanismus der mtDNA. Die Mutationsrate der mtDNA wird als ›schnelle molekulare Uhr‹ angesehen. Sie speichert die über relativ kurze geologische Zeiträume, zum Beispiel 200 000 Jahre, entstandene Variabilität und liefert somit Details über die Evolution einer Stammlinie.

Die an Plazenten unterschiedlicher rezenter Bevölkerungen ermittelten populationsgenetischen Befunde zur Variabilität der mtDNA erlangten breite Aufmerksamkeit, da sie paläogenetisch in der Weise interpretiert wurden, dass alle heute lebenden Menschen von einer afrikanischen Vorfahrin abstammen würden, welche vor weniger als 200 000 Jahren in Afrika lebte. Die evolutionär so einzigartig erfolgreiche Urmutter wurde sehr plakativ ›Eva‹ getauft, jedoch ist diese Bezeichnung irreführend, da damals eine Vielzahl von Frauen gleichzeitig lebte. Nach sehr spekulativen Schätzungen könnte die Zahl bei ungefähr 5000 gelegen haben. Evas Linie war demnach nur durch Zufall besonders begünstigt, weshalb die Bezeichnung dieser postulierten Urmutter als *lucky mother* passender ist. Dieses Modell wird von den Verfechtern der *Out-of-Africa*-Hypothese des Ursprungs des anatomisch-modernen Menschen als Beleg für die Richtigkeit ihrer Hypothese angesehen. Jüngste Populationsmodelle und Bedenken grundsätzlicher Art, was die Interpretation der Befunde aus mtDNA-Analysen anbetrifft, lassen allerdings erhebliche Zweifel an der Validität des Eva-Modells aufkommen. An Tierpopulationen konnte nämlich gezeigt werden, dass das Aussterben von mtDNA-Linien einer bestimmten Anzahl von Gründerweibchen von der Populationsgröße, vom Populationswachstum und von Schwankungen der Anzahl je Generation geborener Weibchen beeinflusst wird. Diesen Untersuchungen zufolge ist die Wahrscheinlichkeit für das Fortbestehen mehrerer mtDNA-Linien nur dann hoch, wenn die Anzahl der Generationen seit Gründung der Population weniger als 50 % der Anzahl der Gründerweibchen beträgt. Ferner verkürzen größere Schwankungen in der Anzahl der pro Generation geborenen Weibchen die Überlebensdauer von mtDNA-Linien erheblich.

Ein weiterer ganz wesentlicher Einflussfaktor auf das Überleben respektive Aussterben einer mtDNA-Linie ist die Geschwindigkeit des Populationswachstums. Modellberechnungen haben ergeben, dass langsames Populationswachstum selbst dann zu einem schnellen Aussterben von mtDNA-Linien führt, wenn die Gründerpopulation groß ist. Beispielsweise ist ermittelt worden, dass bis zum Pleistozän menschliche Populationen sehr langsam gewachsen sind, so dass bis dahin bereits eine erhebliche Verminderung der mtDNA-Linien stattgefunden haben muss, die mit großer Wahrscheinlichkeit auch durch das anschließend schnellere Wachstum menschlicher Populationen nicht mehr ausgeglichen werden konnte. Daher lässt sich nach Ansicht vieler Experten über den vorpleistozänen mtDNA-Vorfahren heutiger Populationen keine zuverlässige Aussage treffen.

Ein weiterer wesentlicher Einwand gegen das ›Lucky-mother-Modell‹ besteht darin, dass frühere Populationen genetisch vollständig voneinander isoliert waren. Es ist jedoch vielmehr anzunehmen, dass zu jeder Zeit und unabhängig vom Aussehen einzelner Populationen, also ihrer phänotypischen Beschaffenheit, erheblicher Genfluss zwischen den Populationen bestanden hat. Die Annahme, nur eine einzige Population sei die Quelle der mtDNA-Differenzierung aller nachfolgenden Populationen, ist aus diesem Grunde wenig überzeugend. Neuere Modelle zur Verbreitung von mtDNA-Varianten lassen durchaus den Schluss zu, dass auch andere Regionen der Alten Welt, etwa Asien, die Urheimat der mtDNA des rezenten Menschen sein könnten.

Während die mtDNA-Ähnlichkeitsanalysen aufgrund strenger matrilinearer Weitergabe eine phylogenetische Rekonstruktion erlaubten, bietet sich als eine entsprechende Informationsquelle das hochgradig polymorphe Y-Chromosom an, dessen Vererbung nur patrilinear erfolgt. Die Untersuchungen konzentrieren sich auf die so genannten Y-Alu-Polymorphismen (YAP). Die ALU-Regionen, Abschnitte repetitiver Sequenzen, sind benannt nach der Erkennungsstelle für die Restriktionsendonuklease Alu. Das YAP-System ist deshalb besonders wertvoll für phylogenetische Untersuchungen, weil der ursprüngliche Status – YAP-Region abwesend – bekannt ist, und das Insertionsereignis erst nach der Divergenz der Stammlinie des Menschen und der zu den rezenten afrikanischen Menschenaffen führenden erfolgt ist. Nach derzeitigem Kenntnisstand wird die Insertion in das menschliche Y-Chromosom vor ungefähr 170 000 –

270 000 Jahren, also gegen Ende des späten Mittelpleistozän, angenommen.

Y-Chromosomen mit dem YAP-Element finden sich in großer Häufigkeit bei subsaharischen Populationen, weniger häufig kommt es bei nordafrikanischen und westasiatischen Bevölkerungen vor, während es in Europa noch sehr viel seltener auftritt. In asiatischen Populationen ist es sehr irregulär verbreitet. Anhand der geographischen Verteilung von fünf bislang identifizierten YAP-Haplotypen lassen sich Aussagen über Verbreitung und Wanderungsverhalten menschlicher Populationen machen.

Derzeit sprechen die molekulargenetischen Befunde aus den YAP-Analysen des menschlichen Y-Chromosoms für einen afrikanischen Ursprung des anatomisch-modernen Menschen, doch schließen populationsgenetische Modelle, die sich in erster Linie auf die Populationsgröße stützen, auch andere Entstehungsregionen des anatomisch-modernen Menschen nicht aus. Die Wiege des ›y-chromosomalen-Adams‹ der menschlichen Stammlinie ist also noch nicht zweifelsfrei lokalisiert.

Populationsgenetische Parameter

Aus den unterschiedlichsten Gründen pflanzt sich nicht jedes Individuum einer Population fort. Der Anteil der Populationsmitglieder, die Gene an die nächste Generation weitergeben, indem sie Nachkommen erzeugen, bildet die effektive Populationsgröße. Diese wird in erster Linie durch die demographische Struktur der Population festgelegt, zum Beispiel durch die Anzahl der noch nicht oder nicht mehr fortpflanzungsfähigen Mitglieder, durch das effektive Geschlechtsverhältnis oder durch unterschiedliche Fertilität der sich fortpflanzenden Mitglieder, bisweilen wird sie aber auch durch kulturelle oder traditionelle Strukturen beeinflusst, die bestimmte Angehörige der Population von der Fortpflanzung ausschließen.

Je kleiner die effektive Populationsgröße ist, desto größer können die genetischen Schwankungen der Population bei Ein- oder Auswanderung von Individuen sein. Die genetische Zusammensetzung der Population driftet hin und her. Diese bisweilen abrupt verlaufenden Schwankungen werden als genetische Zufallsdrift bezeichnet.

Die effektive Populationsgröße verringert sich auch dann, wenn sich die Generationen überlappen, so dass sich Angehörige der Nachkommengeneration mit denen aus der Elterngeneration fortpflanzen können, oder wenn die Population, aus welchen Gründen auch immer, in der Größe schwankt. Derartige Schwankungen führen die Populationen durch so genannte Flaschenhälse (*bottle necks*), was einer genetischen Verarmung der Population gleichkommt. Für derartige Situationen lässt sich die effektive Größe als das harmonische Mittel aus der Populationsgröße mehrerer abfolgender Generationen beschreiben. Die effektive Populationsgröße wird durch kleine Populationen wesentlich stärker als durch große beeinflusst, weshalb nicht das arithmetische Mittel der Individuenzahlen aufeinander folgender Generationen zugrunde gelegt werden darf.

Die Bestimmung der effektiven Größe natürlicher Populationen stößt in der Praxis meist auf sehr große Schwierigkeiten, da die für deren Messung erforderlichen Informationen, wie Ausbreitungsdistanzen, effektives Geschlechterverhältnis, Paarungsfrequenz über Generationen oder Varianz im Fortpflanzungserfolg, meistens nicht vollständig zu erhalten sind.

Die mit kleinen Populationsgrößen zusammenhängenden genetischen Zufälle (genetische Zufallsdrift) können während der Besiedlung neuer Habitate durch wenige Individuen (Kolonisten) von Bedeutung sein, denn alle Gene der entstehenden Population stammen von den wenigen Gründern und späteren Immigranten ab. Bleibt die Population klein, nimmt die genetische Vielfalt aufgrund genetischer Drift stark ab und steigt erst allmählich wieder, ebenso durch Drift wie durch Mutation. Weist die Population allerdings ein schnelles Wachstum auf, wird sich ihre genetische Vielfalt gegenüber der Ausgangspopulation, aus der die Gründer stammen, nicht stark reduzieren, da sich die genetische Vielfalt einer Population nicht auf die seltenen Allele stützt.

Die genetische Zusammensetzung einer Population kann durch diesen Gründereffekt so stark beeinflusst werden, dass ein Artbildungsprozess beschleunigt in Gang gesetzt wird.

Verwandtschaftsforschung

Der Verwandtschaftsbegriff spielt in der Stammesgeschichtsforschung eine zentrale Rolle. Unter Verwandtschaft ist in der biologischen Systematik, die integraler Bestandteil der Paläoanthropologie ist, immer phylogenetische Verwandtschaft, also die genetischen Beziehungen zwischen Arten oder höheren taxonomischen Kategorien wie Gattungen oder Familien, zu verstehen. Die stammesgeschichtliche Entwicklung einer Organismengruppe lässt sich als Abfolge natürlicher, das heißt realer Verwandtschaftsgruppen im Sinne einer Vorfahren-Nachfahren-Beziehung charakterisieren. Aufgabe ist es daher, diese natürlichen Verwandtschaftsgruppen zu erkennen und zu definieren, zum Beispiel die Menschenartigen (Hominoidea) innerhalb der zoologisch-systematischen Ordnung der Primaten, um sie gegen andere Verwandtschaftsgruppen, einerseits zweifelsfrei abgrenzen, andererseits die Gemeinsamkeiten mit dieser (oder anderen) taxonomischen Gruppen bestimmen zu können. Durch die Herausarbeitung von Unterschieden werden die analogen stammesgeschichtlichen Entwicklungen aufgedeckt, während das Aufzeigen von Übereinstimmungen Phasen eines gemeinsamen Entwicklungsweges belegt.

In der Stammesgeschichtsforschung werden zwei grundsätzlich unterschiedliche Verfahren zum Nachweis der phylogenetischen Verwandtschaft von Organismengruppen angewendet: zum einen

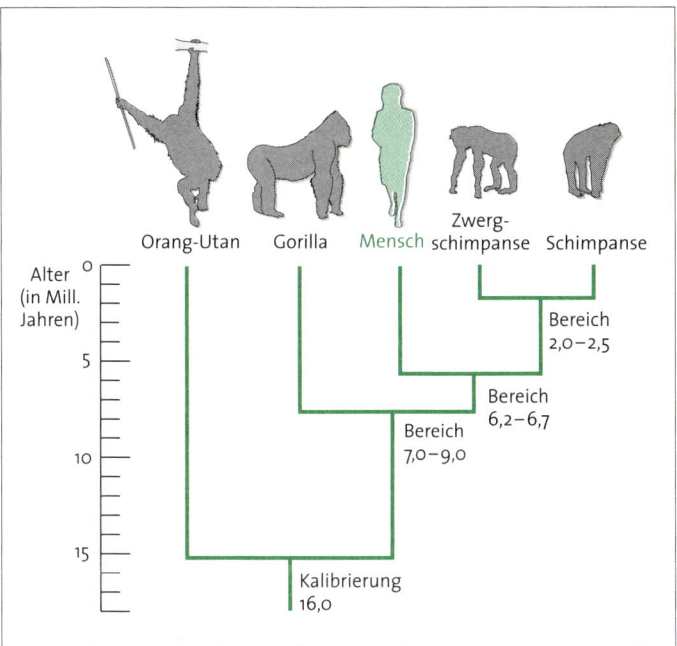

die direkte Analyse des fossilen beziehungsweise subfossilen Materials und zum anderen der direkte Vergleich rezenter Formen, beispielsweise Gorilla, Schimpanse, Mensch. Die Anzahl der evolutiven
Gemeinsamkeiten zwischen zwei Taxa, etwa Arten, bestimmt das
Ausmaß der verwandtschaftlichen Nähe respektive Distanz. So weisen der rezente Schimpanse und der Mensch so viele genetische
Übereinstimmungen auf, dass angenommen werden muss, dass
beide Stammlinien auf eine gemeinsame miozäne Vorfahrengruppe
zurückgehen, während der Gorilla, insbesondere aber der Orang-
Utan, weniger eng mit dem Menschen verwandt ist.

Unabhängig davon, ob phylogenetische Verwandtschaft über Fossilien oder über rezente Formen ermittelt wird, muss das spezielle Analyseverfahren die strengen Regeln der zoologischen Systematik beachten. Die Methode der Wahl ist die theoretisch wohl fundierte phylogenetische Systematik oder Kladistik, die über den Nachweis des von derselben Vorfahrengruppe ererbten Merkmalsgefüges zweier Organismengruppen (Schwestergruppen) natürliche Verwandtschaftsgruppen (monophyletische Gruppen) erkennt und über deren genetische Beziehungen eine Aussage treffen kann. Das Ergebnis derartiger Analysen wird in einem Verwandtschaftsdiagramm, einem Stammbaum, graphisch dargestellt.

Saisonalität

Der Lebensraum des frühen Menschen wird in der Regel als Savanne bezeichnet, jedoch dabei häufig nur einseitig als eine Graslandschaft mit solitärem Baumbestand verstanden. Die Gebiete der tropischen Welt, die heute als Savanne klassifiziert werden, zeigen eine immense Vielfalt physikalisch unterschiedlicher Landschaften mit Pflanzen- und Tiergemeinschaften, die sich zusammenfinden in dem überlagernden Klimafaktum der saisonalen Veränderungen zwischen ariden (trockenen) und humiden (feuchten) Bedingungen. Die abiotischen Elemente, die die Unterschiedlichkeit der Savanne prägen, sind Niederschlag, Verdunstung, Temperatur, Höhe und Neigung des Geländes, Drainage, Bodenbeschaffenheit und Feuer. Während der Biologe unter Savanne homogene Pflanzengemeinschaften aus verstreut stehenden Bäumen, Sträuchern oder Büschen in einer weitgehend geschlossenen Grasschicht versteht, schließt dieser Landschaftstyp für den Geographen auch Galeriewälder und Termitensavannen ein.

Das spezifische ökologische Kennzeichen der Savanne ist die Saisonalität. Sie erfordert eine komplexe und flexible Ernährungsstrategie und eine breite Nahrungsnische. Wegen der im Vergleich zum Regenwald niedrigeren Qualität der Pflanzennahrung entstehen hohe energetische Kosten für die Futtersuche sowie ein intensiver Wettstreit um hochwertige Nahrung mit einem selektiven Vorteil für Fleischverzehr. Der große Tierreichtum der Savanne führt also einerseits unter den herbi- und omnivoren Spezies (Pflanzen- und Allesfresser) zur Konkurrenz um die Pflanzen. Er bietet den Karni- und Omnivoren (Fleisch- und Allesfresser) andererseits aber auch ein großes Potential an Beutetieren, sei es als Aas oder als Jagdbeute. Die dadurch verursachte intensive Auseinandersetzung um die tierischen Nahrungsressourcen macht gleichzeitig eine effektive Feindvermeidung notwendig. Die wenigen Bäume bieten nur geringen Schutz und Schatten und schränken ein habituelles Bodenleben stark ein. Hohe Temperaturen in diesem Lebensraum reduzieren die Aktivitäten, führen zur Abhängigkeit von weit verstreuten Wasserressourcen und bewirken die Entwicklung einer effektiven Wärmeregulation.

Paläobiologisch betrachtet bietet Saisonalität eine positive und eine negative Dimension. Positiv ist, dass die Evolution des Menschen mit einer zunehmenden saisonalen Variation von Klima- und Umweltbedingungen zusammenfällt und aus diesem Grunde einem erheblichen Selektionsdruck ausgesetzt war. Wenn Saisonalität als die alternierende Abfolge von Perioden der Nahrungsverknappung und des Nahrungsreichtums angesehen wird, dann kann Saisonalität als ein Faktor bezeichnet werden, der zu intensiverer Selektion und letztlich zu evolutionärem Wandel beiträgt. Negativ ist, dass Fossilien und Fundstätten über die unmittelbaren adaptiven Konsequenzen von Saisonalität in der Regel keinen Aufschluss geben.

Das Auftreten der menschlichen Stammlinie fällt mit einigen bedeutsamen Klima- und Umweltveränderungen zusammen. Vom mittleren Miozän an ist eine Abnahme der globalen Temperatur zu verzeichnen. Diese Abkühlung beschleunigte sich zudem zusehends im späten Miozän und erreichte ihren Höhepunkt mit der Bildung der polaren Eiskappen und der Ausdehnung kontinentaler Vereisung im Pleistozän. Die Auswirkungen der globalen Abkühlung variierten in den verschiedenen Regionen der Erde. Von besonderem Interesse sind aber die Umweltveränderungen in Afrika, der Region, aus der der früheste Mensch fossil bekannt ist.

Während sich noch im frühen Mittelmiozän ein breiter tropischer immergrüner Regenwaldgürtel von der afrikanischen West- bis zur Ostküste erstreckte, schrumpfte bis zum späten Miozän dieser Regenwaldgürtel sehr erheblich, und Waldsteppen und -savannen sowie Busch- und Grasland entstanden. Dieser Prozess führte zu einer beträchtlichen mosaikartig gegliederten Habitatdiversität, wie sie noch heute in Afrika zu beobachten ist. Diese Diversität und Fragmentation der Habitate mag über unterschiedliche Einnischung und Isolation von Populationen evolutionären Wandel begünstigt und vollzogen haben.

Neben der Habitatdiversifizierung ist die zunehmende Saisonalität in Bezug auf Niederschlagsmenge und Nahrungsverfügbarkeit zu nennen. Während im Mittelmiozän der afrikanische Kontinent gleichmäßig und ganzjährig Niederschlag bekam, prägt sich im Spätmiozän und Pliozän in weiten Teilen Afrikas, mit Ausnahme von West- und Zentralafrika, eine mehrmonatige Trockenzeit aus. Aus diesen Regionen, beispielsweise der heutigen Republik Tschad und Äthiopien, sind miozäne (*Sahelanthropus tchadensis*) und pliozäne (*Australopithecus afarensis*) Hominini fossil überliefert. Im Vergleich zu den afrikanischen Menschenaffen vollzog sich die Evolution des Menschen in extremeren saisonalen Habitaten.

Auswirkungen der Saisonalität auf den Menschen werden im Kontext des Nahrungserwerbs und sozioökologischer Aspekte erwartet. Da aber nicht davon auszugehen ist, dass saisonale Habitate dieselben adaptiven Zwänge ausüben, ist eine adaptive Radiation

(Entwicklungsexplosion) anzunehmen, die der Fossilreport auch belegt.

Warum frühe Hominini in saisonal bestimmte, offenere Habitate eingewandert respektive ausgewichen sind, ist offen. Aufgrund der schwierigeren Ressourcenverfügbarkeit ist zu erwarten, dass die Populationsgröße sank, während der stärkere Raubfeinddruck hingegen eine entgegengesetzte Entwicklung annehmen lässt. In der Tat mögen es diese gegenläufigen Selektionsdrücke in stark saisonalen Habitaten gewesen sein, die zur Entwicklung ganz neuer Formen des Soziallebens geführt haben.

Das generelle Muster der Nahrungsverfügbarkeit in den trockeneren Zonen des östlichen Afrika ist das relativ reiche Angebot an Nahrungspflanzen in der feuchten Jahreszeit und ihr zunehmender Mangel während der Trockenzeit. Für Pflanzenfresser ist die feuchte Jahreszeit daher die ›gute Zeit‹, in der sie in kleinen verstreuten Populationen leben; die Trockenzeit ist dagegen die ›schlechte Zeit‹, in der die Gruppen wesentlich größer sind und sich auf die Gebiete beschränken, in denen ganzjährig zumindest in geringen Mengen Wasser zur Verfügung steht, oder lange Wanderungen in Kauf nehmen, um in bessere Nahrungsgebiete zu gelangen. Für Fleischfresser ergibt sich die gegenteilige Situation: Während der Regenzeit leben die Beutetiere verstreuter, so dass der Beuteerwerb mehr Zeit beansprucht als in der Trockenzeit, wenn die Beutetiere in größeren und kompakteren Ansammlungen leben, zum Beispiel an Wasserstellen.

Vielfach wird argumentiert, dass diese ökologischen Gegebenheiten Ostafrikas im Pliozän die Grundlage für die Diversifizierung der menschlichen Stammlinie waren, das heißt die Verknappung pflanzlicher Nahrung in der Trockenzeit bei gleichzeitigem Überangebot an pflanzenfressenden Tieren führte zu einer Nutzung der tierischen Ressourcen durch Jagd oder wahrscheinlicher durch Aasesserei. Allesesser konnten daher das schlechtere Angebot an pflanzlicher Nahrung während der Trockenzeit durch hochwertige tierische Kost kompensieren. Diese Nahrungserwerbstrategie ist jedoch nur dann adaptiv, wenn die großen Pflanzenfresser während der Trockenzeiten nicht den Standort wechseln und in bessere Gebiete abwandern. Unter dieser Bedingung ist eine Nahrungsstrategie, die auf Einbeziehung tierischer Proteine in das Nahrungsspektrum ausgerichtet ist, nicht adaptiv. Die robusten Australopithecinen haben offenbar während der Trockenzeiten nicht den Standort gewechselt – Fundstättenanalysen belegen dies –, sie sind den Herden nicht gefolgt, sondern haben die örtlichen, allerdings dann sehr spärlichen und qualitativ schlechten pflanzlichen Nahrungsressourcen ausgebeutet.

Eine wichtige Schlussfolgerung aus diesem Umstand ist die Tatsache, dass selbst bei langfristigen evolutiven Prozessen, also der teleonomischen Entwicklung einer Stammlinie, die lokalen Gegebenheiten, also der mosaikhafte Charakter der Habitate, eine entscheidende Rolle für die Ausbildung unterschiedlicher Adaptationen in der menschlichen Stammlinie gespielt haben, so dass daher unterschiedliche Anpassungsreaktionen auf Saisonalität im Nahrungsangebot angenommen werden müssen. Aufgrund der physischen Organisation ist es jedoch wenig wahrscheinlich, dass der frühe Mensch den relativ schnell wandernden Herden mittelgroßer bis großer Pflanzenfresser gefolgt ist, um diese als ständige Nahrungsquelle nutzen zu können.

Saisonalität ist immer auch mit Temperaturschwankungen verbunden. Während die direkten Temperatureinflüsse durch entsprechende physische und physiologische Adaptationen, etwa das Venendrainagesystem oder die Hautpigmentierung, in einem langen Evolutionsprozess bewältigt wurden, sind die indirekt – zum Beispiel über das Nahrungsangebot – wirkenden wesentlich schwieriger und möglicherweise auch nur mit technischen Hilfsmitteln, das heißt Werkzeugen, zu kompensieren oder zu meistern. Menschliche Populationen sind, von wenigen Ausnahmen abgesehen, nur innerhalb einer Zone zwischen 30° nördlicher und südlicher Breite angesiedelt.

In diesem Zusammenhang spielt auch die Tageslänge eine nicht unerhebliche Rolle. So beträgt bei 30° geographischer Breite die Tageslänge ca. 10 Stunden, bei 40° Breite nur noch ca. 8,5 Stunden, so dass etwa 70 % der gesamten Tageslänge für den Nahrungserwerb aufgebracht werden müssten.

Saisonalität mit allen ihren Einflussfaktoren und Konsequenzen ist zugleich Auslöser und Motor der Anpassungsprozesse in der menschlichen Stammlinie während des späten Miozän und des Pliozän gewesen. Ohne ihre Einflüsse wäre der Menschwerdungsprozess möglicherweise nicht in diesem rasanten Tempo erfolgt, da Flexibilität, hohe kognitive Fähigkeiten und komplexe, auf Kooperation und Arbeitsteiligkeit fußende Sozialsysteme evolviert werden mussten.

Evolutionsökologische Modelle

Bislang liegen keine allgemein anerkannten und mit allen verfügbaren Fakten in Einklang stehenden Modelle der Menschwerdung vor. Eine zentrale Kritik richtet sich gegen die häufig vorgenommene Form der Modellbildung, bei der zum Beispiel ethologische Ergebnisse zum Sozialverhalten der nicht-menschlichen Primaten oder aber humanethologische Befunde von Jäger-Sammler-Bevölkerungen zur Entwicklung eines Menschwerdungsmodells herangezogen werden. Derartige Referenzmodelle lassen sich vielfach nicht nach den Regeln der Wissenschaftstheorie überprüfen und sollten daher durch so genannte Konzeptmodelle ersetzt werden, von denen nachstehend einige vorgestellt werden.

Das Ernährungsstrategiemodell zum Ursprung des Menschen geht ebenso wie das Nahrungsteilungs- und das Sammler-Modell auf Divergenzen in den Ernährungsstrategien als Erklärungsursache zurück, vernachlässigt jedoch nicht die für die Etablierung der Stammlinie des Menschen geforderten Schlüsselanpassungen. Es wird die Frage gestellt, warum das Jagen, das in den meisten Modellen zur Hominisation als menschentypische Art der Nahrungsversorgung angesehen wird, überhaupt so wesentlich für die menschliche Subsistenz gewesen sein soll. Eine Antwort auf die Frage, warum und unter welchen Bedingungen Menschen jagen, anstatt Pflanzenquellen auszuschöpfen, liefert die Optimalitätstheorie der Nahrungsversorgung. Wenn also die frühen Menschen das Jagen favorisierten, so müssten sie modellkonform eine weitaus größere Energiemenge pro investierter Zeit als beim Sammeln pflanzlicher Kost erzielt haben.

Aus diesen theoretischen Voraussetzungen für einen Wechsel der Ernährungsstrategie wird gefolgert, dass Subpopulationen der miozänen Vorläufer der afrikanischen Menschenaffen und des Menschen in Habitaten lebten, in denen unter dem Gesichtspunkt der Fitnessmaximierung ein problemloser Jagderfolg die Spezialisierung zum Beutegreifer vorteilhaft werden ließ. Freilandstudien an Schimpansen belegen, dass das Beutegreifen eine fast uneingeschränkt männliche Aktivität ist. Diesen Beobachtungen zufolge wäre es plausibel anzunehmen, dass die Männer in Populationen des frühen Menschen ihre eigenen Ernährungsansprüche in recht kurzer Zeit abdecken konnten, während die Frauen den ganzen Tag auf Nahrungssuche gingen, weil ihnen die Fleischressourcen nicht einfach verfügbar waren. In der ›Freizeit‹ der Männer wird die Chance gesehen, neue, Fitness maximierende Strategien zu verfolgen. Sie könnten ihre Jagdaktivitäten ausgedehnt haben, um die überschüssigen Fleischressourcen dann für Kopulationsprivilegien bei paarungsbereiten (östrischen) Frauen einzusetzen. Der Vorteil für die Frauen bestand darin, Nahrung zu erhalten, und die Kopulation mit dem besten Versorger sicherte Nachwuchs mit höchster Fitness. Monogamie sieht dieses Modell nicht vor, so dass ein großer Sexualdimorphismus zwischen den Geschlechtern anzunehmen ist – eine Hypothese, die der Fossilreport stützt.

Immer längere Östrusperioden führten schließlich zur Dauerrezeptivität der Frauen und zu verdeckten Ovulationen, woraus sich erhebliche strategische Vorteile für die Frauen ergaben. Die Fitnessmaximierung durch das Versorgungsverhalten der Männer selektierte die bipede Lokomotion und die damit verbundene Fähigkeit des einfacheren Nahrungstransports. Diese Fähigkeiten beeinflussten die Kosten-Nutzen-Bilanz der Herstellung von Geräten, die zur Gewinnung seltener, aber sehr gewinnbringender Ressourcen eingesetzt werden konnten. In diesem Kontext erklärt sich auch die Optimierung der Manipulationsfunktion der Hand. Werkzeugherstellung und -gebrauch trugen sukzessive zur Reorganisation und Optimierung des Zentralnervensystems bei.

Das Modell nimmt ferner ein gesteigertes Elterninvestment an, welches zur Reduktion der kindlichen Sterblichkeit führte. Die Versorgung der Frauen mit Nahrung durch die Männer gab diesen die Möglichkeit zu einer intensiveren Betreuung der Nachkommen, was zur Reduktion der Kindersterblichkeit und zur Steigerung der durchschnittlichen Lebenserwartung führte. Mit der größeren Anzahl jener Individuen, die ein höheres Alter erreichten, stiegen die Vorteile, die sich durch einen erst im höheren Alter auftretenden Tod ergaben, was den Selektionsdruck für Langlebigkeit verstärkte. Mit der Verlängerung der subadulten Abhängigkeitsperiode, die einen intensiveren Lernprozess ermöglichte und in der Erwachsenenphase Konkurrenzvorteile verschaffte, wuchs die Notwendigkeit für ein größeres Geburtenintervall.

Eine andere Konsequenz ist noch bedeutungsvoller. Um für die Nachkommen von Müttern mit fortgeschrittenem Alter die Wahrscheinlichkeit zu erhöhen, den Tod der Mutter zu überleben, entwickelten sich neue Reproduktionsstrategien. Die optimale Strategie für eine ältere Frau wäre es, nicht noch selbst Kinder zur Welt zu bringen, sondern in die Fürsorge der Nachkommen der eigenen Töchter zu investieren. Damit lässt sich die ›Erfindung der Großmutter‹ erklären und wahrscheinlich die ultimate Ursache für die weibliche Menopause anführen. Das durch die großmütterliche Fürsorge noch gesteigerte Elterninvestment und die Versorgung der Familien durch Männer schufen die demographisch wichtige Möglichkeit zur Verkürzung des Geburtenintervalls. Dass die Männer nicht entsprechende physiologische Anpassungen zeigen, wird damit erklärt, dass direkte Elternfürsorge für das eigene Kind eines Mannes nicht von entscheidender Bedeutung für die Evolution des Menschen war. Es ist aber auch denkbar, dass die durchschnittlich erheblich geringere Lebenserwartung der Männer die Großvaterrolle über eine lange Periode der Menschheitsentwicklung verhinderte.

Das vorgestellte Modell integriert erstmals Befunde der Morphologie, Primatenethologie, Evolutionsökologie und Physiologie sowie Ethnologie und Archäologie. Es stellt ein ›Menschenaffen-Mensch-Divergenz-Modell‹ dar, kann aber auch als Konzeptmodell nicht über den plausibel-hypothetischen Charakter hinausgehen. Da es aber einige konkrete Hypothesen formuliert, die einer deduktiven Überprüfung standhalten und mit den Konzepten der Soziobiologie und Verhaltensökologie koinzidieren, wurde es wegweisend für weiterführende Studien, unter anderem für das zweite Modell, welches hier vorgestellt werden soll: das Aasesser-Modell.

Das Aasesser-Modell baut auf Feldbeobachtungen an jagenden und aasfressenden Raubtieren der afrikanischen Savanne auf und integriert die gewonnenen verhaltensbiologischen Befunde mit archäologischen und paläobiologischen Daten. Dass körperlich eher unterlegene Primaten in die Nische der großen Beutegreifer expandierten, wird durch die archäologischen Befunde belegt. Da es sich aber um Knochen sehr wehrhafter Beutetiere handelt, stellt sich die Frage, wie die frühen Menschen diese erlegt haben könnten. Wegen fehlender plausibler Argumente für eine Jagd-Hypothese wurden die alternativen Strategien der Fleischbeschaffung geprüft. Dabei wurde deutlich, dass das Aufsuchen geeigneter Kadaver nicht zufäl-

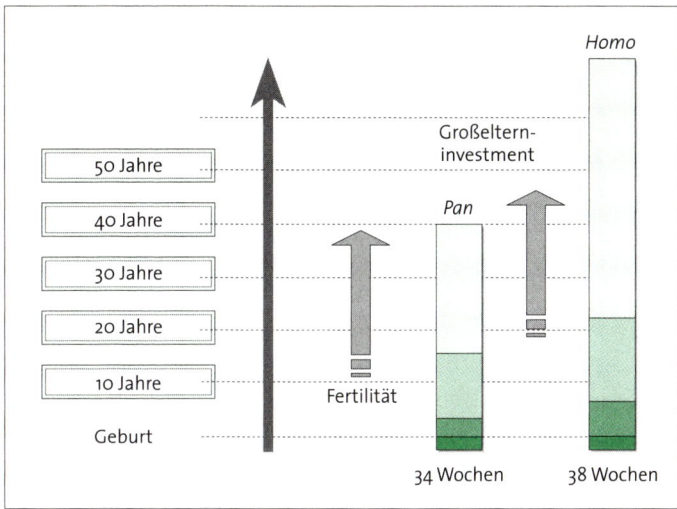

Life-History-Konzept. Illustration der Verlängerung der Kindheits-, Jugend- und Erwachsenenphase sowie der ›Erfindung der Großmutter‹ in der menschlichen Evolution

lig erfolgt sein dürfte, um effektiv gewesen zu sein. Die Nahrungsnische des frühen Menschen wird in den Uferwaldzonen gesehen, wo – wie Beobachtungen in der Savanne zeigen – Reste von Großkatzenbeute sowie Kadaver natürlichen Todes gestorbener oder ertrunkener Tiere ausreichende Ressourcen bieten. Diese Nische schafft Möglichkeiten für Zuflucht und zum Verstecken der Kadaver vor Geiern, den wohl lästigsten Nahrungskonkurrenten. Im saisonalen Rhythmus der Savanne boten insbesondere in der Trockenperiode die Beutereste der Löwen reichlich Nahrung, während die Leoparden- und Säbelzahnkatzenbeute ganzjährig verfügbar war. In Regenzeiten wandelte sich das Bild: Die Kadaver konzentrierten sich nicht mehr in den Uferzonen, sondern verteilten sich auf die offenen, deckungslosen Lebensräume, wo der Konkurrenzdruck durch Kleptopa-

Unterkiefer Laetoli Hominid 5 mit 1. Dauerbackenzahn

rasiten (Nahrungsklauer) ein erhebliches Risiko für die frühen Menschen bedeutete. Als Aasesser verfügten sie jedoch über komplementäre Ernährungsstrategien, was einen saisonalen Wechsel zu verstärkter Herbivorie ermöglichte.

Kosten-Nutzen-Analysen sprechen dafür, dass die menschlichen Aasesser in den Perioden des Überschusses tierischer Kadaver, in denen die pflanzlichen Nahrungsquellen komplementär versiegten, ihren täglichen Nahrungsbedarf durch Karnivorie deckten. Für Jagd ließe sich eine ähnliche Kosten-Nutzen-Analyse aufstellen, jedoch birgt Aasessen ein geringeres Risiko. Sofern Aasesser die Gewohnheiten ihrer Fressfeinde beachteten, waren sie in den Uferwaldzonen nicht stärker gefährdet als bei der Pflanzensuche, was jedoch nicht für offene Landschaften ohne geeignete Zufluchtsmöglichkeiten gilt. Gleiches trifft aber auch für die Jagd zu.

Verschiedentlich vorgebrachte Einwände, dass der Verzehr von Aas schädlich sei, werden durch ethologische Befunde an Menschenaffen und ethnologische Studien an einigen subsaharischen rezenten menschlichen Populationen, die nachweislich Aasesser sind, entkräftet. Auch Beobachtungen an den Aché (Paraguay) belegen dies, wobei zusätzlich noch der Nachweis erbracht wurde, dass effektives Jagen von Kleintieren mit bloßen Händen möglich ist.

Variationsbreiten des Zahndurchbruchsalters der Dauerzähne: 1. Backenzahn und Weisheitszahn		
Panini	**M1**	**M3**
Pan troglodytes	3,26 Jahre	11,35 Jahre
Gorilla gorilla	3,50 Jahre	11,40 Jahre
Hominini		
Homo sapiens	6,24 Jahre	20,50 Jahre

Ein einmaliger, für die Menschwerdung essentieller Schritt wird in der Verwendung von Steinwerkzeugen für die Zerlegung der Kadaver gesehen. Ferner konnte das Vorurteil entkräftet werden, Aasessen sei eine ausgesprochen einfache Ernährungsweise. So transportierte der frühe *Homo* seine zum Zerlegen der Kadaver und zum Zerschlagen der Knochen geeigneten Steinwerkzeuge bis zu 10 km weit, also wesentlich weiter als Schimpansen. Jagdwaffen sind hingegen nicht gefunden worden. Dem Aasesser-Modell zufolge könnten einige *Australopithecus*-Populationen bereits zu Zeiten des globalen Klimawechsels die Aasessernische gebildet haben. Es wird ferner angenommen, dass das Aussterben verschiedener Hyänenarten vor etwa zwei Millionen Jahren in koevolutivem Zusammenhang mit dem frühen Menschen steht, der als Werkzeughersteller in der Lage war, ihnen die Großsäuger-Aasesser-Nische streitig zu machen. Das Aasesser-Modell schließt die Jagd auf Kleintiere als Ernährungsstrategie nicht aus, räumt ihr aber erst mit der späten Entwicklung von Distanzwaffen evolutionsökologisch entscheidende Bedeutung ein.

In den meisten der evolutionsökologischen Modelle zur Menschwerdung wird unterstellt, dass die Entwicklung des aufrechten zweibeinigen Ganges der essentielle ›Auslösemechanismus‹ der Hominisation und die Entwicklung materieller Kultur der entscheidende neuartige ökologische Anpassungskomplex zur optimalen Ressourcennutzung in Trockenzeiten war. Die bis zu 2,7 Millionen Jahre alten Steinwerkzeuge aus Kada Gona (Äthiopien) lassen vermuten, dass bereits vor der Etablierung der Gattung *Homo* die Herstellung von Steinwerkzeugen einsetzte. Die lithische Kultur, die also möglicherweise schon auf eine *Australopithecus*-Spezies des späten Pliozän zurückgeht, bildete einen Teil der Überlebensanpassungen des frühen Menschen, aber auch einen Teil seiner Umwelt. In dieser frühen Phase der Menschheitsentwicklung kommen die subtilen Wechselbeziehungen zwischen Mensch, Kultur und Umwelt zum Tragen.

Sozialsysteme der Menschenaffen

Sämtliche Primatenarten sind, zumindest vorübergehend, in Sozialsystemen unterschiedlicher Größe und Komplexität organisiert. Die kleinen asiatischen Menschenaffen, die Gibbons und Siamangs, leben überwiegend in territorialen monogamen Familien (Elternpaar plus ein bis zwei Nachkommen). Der einzige große asiatische Menschenaffe, der Orang-Utan Borneos und Sumatras, bildet ein als *noyau* bezeichnetes Sozialsystem. Die basale Einheit dieses auch bei vielen Halbaffen anzutreffenden Sozialsystems ist die Mutter-Kind-Gruppe. Erwachsene Orang-Utan-Männchen leben nicht dauerhaft mit Weibchen zusammen, sondern suchen diese nur während der Brunstzeiten (Östren) auf. In den Territorien der Männchen können mehrere Weibchen-Nachkommen-Gruppen leben, während sich die Reviere erwachsener Männchen nicht überlappen.

Die afrikanischen Gorillas sind in so genannten ›altersgestaffelten Vielmännchengruppen‹ organisiert, das heißt mehrere unterschiedlich alte, aber erwachsene und geschlechtsreife Männchen leben mit mehreren erwachsenen Weibchen, Jugendlichen und Kindern in bis zu mehr als zwanzig Individuen umfassenden Gruppen. Ranghöchste Mitglieder dieser Gruppen sind die erwachsenen Männchen, wobei das älteste, der so genannte Silberrücken, die Gruppe dominiert.

Die großen und kleinen Schimpansen West-, Zentral- und Ostafrikas bilden ›*fission-fusion*-Gruppen‹ mit mehreren bis vielen erwachsenen Männchen und Weibchen und mit bis zu 40 Individuen, in Einzelfällen umfasst eine Gruppe bis zu 100 Mitglieder. Beim großen Schimpansen bilden mehrere miteinander verwandte Männchen den dominanten Kern der Gruppe. Sie gehen stabile Hierarchiebeziehungen ein, dominieren über die Weibchen, bilden Allianzen und Koalitionen, um ihre Stellung in der Hierarchie zu festigen oder zu verbessern. Sie schlichten aggressive Auseinandersetzungen zwischen Gruppenmitgliedern, patrouillieren gemeinsam an den Grenzen des Streifgebietes und verteidigen die Gruppe und deren Nahrungsressourcen gegenüber fremden Artgenossen.

Die Weibchen leben innerhalb der Gruppe eher als Einzelgängerinnen mit ihren noch nicht erwachsenen Nachkommen in einer Kernzone des Streifgebietes. Während sich die Männchen stark gruppentreu verhalten, also in der Gruppe verbleiben, in der sie geboren wurden, wandern die Weibchen häufig aus, leben einige Zeit in der Nähe der vertrauten Gruppe oder schließen sich vorübergehend oder dauernd einem anderen Verband an (daher die Bezeichnung *fission-fusion*-Gruppe).

In den Verbänden des Zwergschimpansen (Bonobo) leben ebenfalls mehrere bis viele erwachsene Männchen und Weibchen sowie die noch nicht erwachsenen Nachkommen. Auch die Gruppen des Bonobo teilen sich zuweilen und schließen sich nach geraumer Zeit wieder zum ursprünglichen Verband zusammen. Den sozialen Kern der Gruppe bilden erwachsene, in der Regel nicht miteinander verwandte Weibchen. Sie gehen feste, jedoch wenig hierarchische Beziehungen ein, schließen Koalitionen und dominieren häufig über die Männchen. Die Beziehungen zwischen den Männchen sind weniger intensiv. Weibchen verlassen gelegentlich die Gruppe und schließen sich vorübergehend oder dauerhaft anderen Verbänden an. Die Männchen verbleiben in der Regel im Verband ihrer Mutter. Zwergschimpansen vermeiden den Kontakt zu fremden Artgenossen, aggressive Auseinandersetzungen oder Begegnungen sind entsprechend selten. Zwergschimpansen sind untereinander friedfertiger als ihre großen Verwandten und nach aggressiven Auseinandersetzungen sehr viel häufiger zur Versöhnung bereit. Ein herausragendes Kennzeichen der Zwergschimpansen ist das ausgiebige und variantenreiche Sexualverhalten zwischen Tieren aller Altersklassen und beider Geschlechter. Es hat offenbar eine bedeutende soziale Funktion und wird entsprechend häufig zum Abbau sozialer Spannungen nach aggressiven Auseinandersetzungen oder nach Stresssituationen praktiziert.

Alle Primatensozietäten beruhen auf einem Netzwerk persönlicher Beziehungen und Bindungen. Jedes Gruppenmitglied kennt seine Beziehung und seine Position zu jedem anderen Mitglied der Gruppe. Dieses Gesamtsystem enthält als integrierte Bestandteile zahlreiche unterschiedlich zusammengesetzte Untergliederungen, wie Mutter-Kind-, Geschwister- oder Altersgenossen-Spielgruppen und andere. Es gibt zudem viele unterschiedliche soziale Rollen und Rangordnungen. Die gesamte Komplexität des sozialen Beziehungsgefüges in einer Primatengruppe muss von jedem Mitglied in sein eigenes Handeln und seine eigene Handlungsplanung örtlich und zeitlich vorausschauend einbezogen werden. Da jedes Gruppenmitglied insbesondere in Anwesenheit Ranghöherer beachten muss, dass seine Handlungen zu Sanktionen führen können, ist es stets gezwungen, seine Aktionen und Interaktionen der gegenwärtigen Situation anzupassen, das heißt sein eigenes Handeln zu kontrollieren und gegebenenfalls vollständig zu unterdrücken. Vorausschauendes Handeln, Planen nach abgewogenen Wahrscheinlichkeiten unter vorausschauender Einbeziehung komplexer Situationen und Konstellationen bei gleichzeitiger, oft restriktiver Kontrolle des eigenen Verhaltens sind Kennzeichen aller Mitglieder von Primatengruppen.

Soziale Kompetenz kann nur durch ständiges soziales Lernen im
stabilen sozialen Umfeld erreicht werden. Sämtliche Primatenarten
zeichnen sich gegenüber den meisten anderen Säugetieren durch
eine verlängerte Kindheits- und Jugendphase aus, in der alle wichtigen Funktionen des sozialen Lebens erworben werden können und
müssen.

Die im sozialen Kontext entwickelte kognitive Leistungsfähigkeit
der Primaten stellt eine grundlegende adaptive Voraussetzung für
den Menschwerdungsprozess dar.

Kooperation, Koalition, Arbeitsteilung

Nahezu alle Primaten leben in komplex strukturierten Sozietäten.
Es lassen sich eine Reihe potentieller Nutzen des Gruppenlebens
nennen, wie etwa Schutz vor Raubfeinden und gruppenfremden Artgenossen, gemeinsame Verteidigung von Futterressourcen, gemeinsame Aufzucht von Nachkommen und Bildung von dauerhaften
Beziehungen. Gleichzeitig entstehen durch das Gruppenleben aber
auch Kosten, etwa dadurch, dass jedes Gruppenmitglied mit jedem
anderen um Nahrung, Platz, Sexualpartner und anderes mehr konkurrieren muss. Das Leben in einer Primatengruppe ist daher durch
eine sehr feine Balance von Kooperation und Konkurrenz gekennzeichnet, und es lässt sich als Kompromiss zwischen den Erfordernissen, Futter zu finden und zu verteidigen, das Raubfeindrisiko zu
minimieren und die Fortpflanzungschancen für jedes Gruppenmitglied zu gewährleisten, ansehen.

Eindeutig kooperative soziale Interaktionen gegenüber Verwandten und Nichtverwandten sind bei vielen Primatenarten, beispielsweise Gorilla, Schimpanse, vielen Vertretern der Hundsaffen und der
südamerikanischen Affen, registriert worden. Es sei jedoch hervorge

hoben, dass kooperative Interaktionen nicht ausschließlich bei Primaten vorkommen, wie die Jagd der Löwen und Wölfe oder die Jungtieraufzucht der Hyänenhunde belegen.

Kooperatives Verhalten umfasst die Bildung von Allianzen und Koalitionen, Verteidigung der Nahrungsressourcen, gemeinsame Jagd und Futterteilen, Beteiligung an der Jungtieraufzucht und an Strategien beziehungsweise Taktiken zur Raubfeindvermeidung. Kooperatives Verhalten gegenüber Verwandten wird im allgemeinen mit Verwandtenselektion begründet, also mit indirekten Fitnessvorteilen für die kooperierenden Gruppenmitglieder. Beispielsweise beteiligen sich bei den südamerikanischen Krallenaffen außer den Eltern auch ältere Nachkommen des Elternpaares an der Aufzucht jüngerer Geschwister. Hierdurch wird die Überlebenschance der jüngsten Gruppenmitglieder gesteigert und damit gleichzeitig die Fitness der Helfer vermehrt. Die Kosten für dieses kooperative Verhalten können für den Helfer erheblich sein, etwa weil auf die eigene Reproduktion und damit auf einen direkten Fitnesszuwachs verzichtet wird. In der überwiegenden Zahl der Fälle sind aber Kosten und Nutzen ausgeglichen, etwa durch Unterstützung beim Zugang zu Nahrungsressourcen oder bei der Abwehr von Feinden.

Die Versuche, Strukturen der Verwandtenerkennung und des auf Verwandte gerichteten Verhaltens zu analysieren, haben sich mehrheitlich auf Verwandtschaftsgruppen in der Matrilinie konzentriert, da überwiegend nur in diesen Matrilinien die genauen Verwandtschaftsverhältnisse zwischen Mitgliedern der Gruppe bekannt sind. Es gibt zahlreiche Belege für effektives Unterscheiden von Verwandten und Nichtverwandten durch Primatenweibchen, die hierdurch möglicherweise über gezieltes kooperatives Verhalten ihren Reproduktionserfolg vergrößern.

Von männlichen Primaten gibt es wesentlich weniger Befunde zu patrilinear begründetem kooperativem Verhalten. Diese Tatsache mag mit der zwischen erwachsenen Säugetiermännchen generell zu beobachtenden sexuellen und reproduktiven Konkurrenz, mit der Vaterschaftsunsicherheit infolge sexueller Interaktionen mit mehr als einem Weibchen zusammenhängen oder damit zu begründen sein, dass viele Primatensozietäten Ein-Männchen-Gruppen sind beziehungsweise die erwachsenen und sexuell aktiven Männchen nicht miteinander verwandt sind. Es kann daher hypothetisiert werden, dass kooperatives Verhalten mit und gegenüber nichtverwandten Gruppenmitgliedern stärker bei Männchen ausgeprägt sein muss.

Kooperatives Verhalten gegenüber nichtverwandten Gruppenmitgliedern und Artgenossen wird allgemein mit reziprokem Altruismus oder Gegenseitigkeit zu erklären versucht. Kooperative Beziehungen mit Nichtverwandten werden als sehr langfristig angelegte Beziehungen, was den Ausgleich von Kosten und Nutzen anbetrifft, angesehen. Die Risiken für die Beteiligten seien klein, darüber hinaus ausgeglichen durch in Zukunft zu erwartende Kompensation für geleistete Kooperation gegenüber einem Gruppenmitglied. Die an kooperativen Beziehungen beteiligten Partner müssen nicht generell gleichermaßen für ihre Leistungen entschädigt werden. Alter, Geschlecht und soziale Position spielen für die Höhe des jeweils geleisteten Kompensationsbetrages eine entscheidende Rolle. Wahrer Altruismus ist aber in der Tat äußerst selten, das heißt der investierte Aufwand eines Kooperationspartners in Erwartung künftiger Kompensation bei gleichzeitig fehlenden sozialen Sanktionsmechanismen gegenüber ›Betrügern‹ wird nicht immer ausgeglichen.

In vielen sozialen Kontexten können mehr als zwei Individuen durch kooperatives Verhalten profitieren. Wenn beispielsweise eine Gruppe eine ergiebige Futterquelle gegenüber fremden Artgenossen verteidigt, werden unmittelbar alle Gruppenmitglieder Nutzen erlangen. Unter der Bedingung, dass gegen diejenigen Gruppenmitglieder, die sich nicht kooperativ verhalten, Sanktionen ergriffen werden, kann durch individuelle oder gar eigennützige Selektion kooperatives Verhalten evolviert werden. Da einige Formen kooperativen

Handelns für beide Interaktionspartner vorteilhaft sein können, lässt sich kooperatives Verhalten in bestimmten Kontexten auch als Taktik zur Manipulation anderer und zum Nutzen des die Kooperation initiierenden Gruppenmitglieds betrachten, um zum Beispiel leichteren Zugang zu ergiebigen Nahrungsquellen zu haben oder um die eigene soziale Position zu halten oder zu verbessern.

Labor- und Feldstudien haben zahlreiche Belege für Kooperation – etwa bei der Jagd erwachsener Schimpansenmännchen im Taï-Regenwald auf rote Colobusaffen – und für Koalitionen im friedlichen und aggressiven Kontext erbracht. Als Koalition wird dabei die gemeinsame Aktion zweier oder mehrerer Gruppenmitglieder in einem Interessenkonflikt gegen ein oder mehrere andere verstanden, die Schlüsselbegriffe für Koalition sind also Kooperation und Kompetition.

Herausragende Kennzeichen der Koalitionsbildung bei Schimpansen sind ihr häufiges Auftreten bei täglichen Interaktionen, ihre Dominanz bei erwachsenen Männchen, ihre Komplexität und Flexibilität. Einige Koalitionen sind derart dauerhaft, dass die Bezeichnung ›Allianz‹ für diese Koalitionen zutreffender ist. Andere Koalitionen sind, insbesondere wieder bei Männchen, so opportunistisch, dass häufig die ›Seiten gewechselt‹ werden. Einige Koalitionen sind direkt, andere indirekt. Selbst Makrokoalitionen bestehend aus allen erwachsenen Männchen einer Gruppe gegen Koalitionen aus anderen Gruppen werden gebildet. Alle Koalitionen werden durch vielfältige soziale Ressourcen, wie Nahrungsteilen, soziale Hautpflege, akustische Unterstützung und ›Hilferufe‹, gefestigt.

Soziale Taktiken und Strategien werden als treibende Kräfte der Evolution von sozialer Kognition und Intelligenz angesehen. Koalitionen bei Primaten zeichnen sich durch viele Aspekte aus, die auch für menschliche Koalitionen als fundamental betrachtet werden.

Werkzeuggebrauch bei Schimpansen

In allen freilebenden Schimpansengruppen West-, Zentral- und Ost-afrikas sind spontane Werkzeugherstellung und spontaner Werk-zeuggebrauch beobachtet worden. Alle Gruppenmitglieder mit Aus-nahme der jüngsten stellen Werkzeuge her und verwenden diese. Die jüngsten Tiere der Gruppe lernen den Umgang mit Werkzeugen etwa im Alter von drei Jahren unter Anleitung der Mutter. Die Me-thoden der Herstellung und des Einsatzes von Werkzeugen zur Nah-rungsgewinnung und -zubereitung sind zum Teil derart ausgefeilt, dass einige Wissenschaftler von Protokultur oder Kultur sprechen. Verblüffend sind in diesem Zusammenhang die unterschiedlichen Werkzeug- und Nahrungsgewinnungstraditionen einzelner Gruppen in den verschiedenen Verbreitungsgebieten, in Elfenbeinküste wer-den beispielsweise Nüsse geknackt, in Tansania Termiten geangelt.

Besonders hervorzuheben ist, dass die Schimpansen im Taï-Natio-nalpark (Republik Elfenbeinküste) ihre Werkzeuge vor dem eigent-lichen Einsatz anfertigen, ihre Funktion also vorhersehen und ent-sprechend gezielt herstellen. Ferner verwenden sie zum Fang der verschiedenen von ihnen begehrten Insektenarten auch unterschied-lich geformte und zugespitzte Stöcke, also die jeweils geeignetsten Instrumente. Die Werkzeuge werden viel häufiger und über weitere Strecken zum Einsatzort getragen, als es die Schimpansen Ostafrikas tun.

Nur bei den Taï-Schimpansen werden Steinwerkzeuge zum Auf-schlagen harter Nüsse verwendet. Diese Werkzeuge ähneln verblüf-fend denjenigen, die dem frühen Menschen zugeschrieben werden. Dabei sind die Werkzeuggröße und Transportdistanz in der überwie-genden Anzahl der Fälle optimal der Größe und Konsistenz der zu bearbeitenden oder zu gewinnenden Nahrung angepasst. Diese kog-nitive Leistung der Taï-Schimpansen entspricht etwa der eines neun-jährigen Menschenkindes.

Auffallend ist der Geschlechtsunterschied in der Wirksamkeit der Werkzeugverwendung. Taï-Schimpansenweibchen knacken Nüsse wesentlich geschickter und erfolgreicher als Männchen. Nur sie tun das auch hoch in den Baumkronen. Generell ist festzustellen, dass im geschlossenen Regenwald lebende Schimpansen-Populationen mehr Werkzeuge herstellen und diese vielfältiger einsetzen als ihre Verwandten in den Lebensräumen der Savanne. Die Ansicht, dass Werkzeugherstellung an das Leben in der offenen Savanne geknüpft war, ist nach Beobachtungen an den Schimpansen Westafrikas sowie aufgrund neuerer paläoökologischer Befunde kaum mehr zu halten.

In einer jüngst veröffentlichten Studie wurden im Verbreitungsgebiet der heutigen Taï-Schimpansen zahlreiche mit Resten von Pflanzen – insbesondere Nussschalen – assoziierte Steinwerkzeuge, genauer Hammer- und Ambossfragmente, geborgen, die nach Aussage der Entdecker schon zu einem sehr frühen Zeitpunkt, möglicherweise schon vor der Trennung der zu den rezenten Schimpansen und zum Menschen führenden Stammlinien hergestellt und genutzt wurden. Größe und Formen der Artefakte aus der Taï-Region sind vergleichbar mit denen aus Menschenfossilien führenden Fundstätten wie der Olduvai-Schlucht (Tansania). Es wird daher nicht ausgeschlossen, dass bislang mit dem frühen Menschen in Verbindung gebrachte einfache Steinwerkzeuge in Wirklichkeit von Schimpansen oder den Vorfahren von Schimpanse und Mensch angefertigt wurden.

Die Unsicherheit in der Beurteilung, ob die Herstellung und Verwendung von Werkzeugen durch Schimpansen bereits Kultur ist oder nicht, beruht zum Teil auf dem Einwand, dass die intelligenten Leistungen, die wir beim Schimpansen beobachten können, nichts weiter als das Resultat individuellen Lernens seien, dass sie durch immer wiederkehrende und gleichartige Erfordernisse des Lebensraumes in Ablauf und Erfolg in engen Grenzen bestimmt werden und nicht auf sozialen Lernprozessen beruhen, die allein Vorausset-

Schimpansen benutzen Werkzeuge, um
Termiten zu angeln

zung für die Entstehung von Kulturleistungen sind. Nur soziales Lernen – so die Auffassung – führe zu interindividuellem Informationsaustausch und somit zur Traditionsbildung, das heißt zu kultureller Überlieferung von Verhalten und Fähigkeiten.

Die Freilandforschung hat gezeigt, dass soziales Lernen bei Schimpansen einen hohen Stellenwert einnimmt. Strategien oder Handlungen zur Lösung spezifischer Probleme und Aufgaben werden von der Gruppe insofern kanalisiert, als die Anzahl der möglichen Lösungswege auf diejenigen beschränkt bleibt, die in der Sozietät dominieren und gerade für diese Gruppe typisch sind. Die bei Schimpansen nachgewiesene allgemeine Fähigkeit zu sozialem Lernen wird für die Entstehung von Kultur als ausreichend angesehen.

Es gibt bislang keine Hinweise, dass die Werkzeuge der Schimpansen soziale Bedeutung erlangt haben, außer dass sie passiv die Werkzeugtradition der betreffenden Gruppe oder der regionalen Population widerspiegeln. Demgegenüber verwendet der Mensch sämtliche materielle Kultur aktiv in sozialen Interaktionen.

Wenn die basalen Mechanismen für Kultur bereits für unsere nächsten nicht-menschlichen Verwandten angenommen werden, ist zu fragen, warum die Schimpansen im Vergleich zum Menschen ein relativ beschränktes Repertoire kultureller Leistungen hervorgebracht haben und beherrschen. Die geringere Migrationsfähigkeit dieser Menschenaffen sowie ein relativ stabiles Habitat mit der hieraus resultierenden geringeren Notwendigkeit für einen schnellen Transfer von Informationen zwischen den Mitgliedern einer Population werden als begrenzende Faktoren angesehen. Es ist anzunehmen, dass diese Limitierungen auch für frühe Vertreter der menschlichen Stammlinie, etwa die Australopithecinen, gelten. Die immer wieder betonte erhebliche Geschwindigkeit der tradigenetischen gegenüber der biogenetischen Evolution konnte demnach erst dann einsetzen und wirksam werden, als Qualität und Quantität der kulturellen Leistungen eine bestimmte Schwelle überschritten hatten und Kultur somit unabdingbarer Bestandteil der betreffenden Nische wurde.

Werkzeugkulturen

Die ältesten, Menschen zugeschriebenen Steinwerkzeuge stammen aus ungefähr 2,7 – 2,4 Millionen Jahre alten Sedimentschichten aus Kada Gona und Omo (Äthiopien). Die mit ca. 2,3 Millionen Jahren bislang ältesten, mit menschlichen Skelettresten assoziierten Werkzeuge sind bei Makaamitalu (Äthiopien) geborgen worden. Trotz des hohen Alters der Werkzeuge, die sämtlich der Kulturstufe des Oldowan angehören, wird deutlich, dass während der ersten drei Millionen Jahre der Evolution zum Menschen, also bis zum Quantensprung der Hirnevolution mit dem Auftreten der Gattung *Homo*, Werkzeuge aus Stein offenbar keine oder eine nur sehr untergeordnete Rolle gespielt haben. Aus dem gegenwärtigen Fundreport geht allerdings nicht hervor, ob die nicht in die Gattung *Homo* zu stellenden frühen Menschenformen schon über Werkzeuge verfügten.

Die Oldowan-Industrie, auch als Geröllgeräte-Industrie bezeichnet, besteht aus unversehrt belassenen oder mit nur wenigen Schlägen aus Geröllsteinen gefertigten Artefakten, die als Hammersteine, *pebble tools* sowie *chopper-* und *chopping tools* benannt werden. Derartige Werkzeuge liegen in einer überraschend großen Vielfalt von ostafrikanischen Fundstätten vor.

Die Oldowan-Werkzeuge wurden offensichtlich nicht nur als gröbere Artefakte zur direkten Nahrungsaufbereitung verwendet, zum Beispiel zum Aufschlagen eines Knochens, sondern auch zur Herstellung feinerer Steinwerkzeuge aus einem Kerngerät. Von manchen Fundorten gibt es Hinweise, dass die Werkzeuge von ihren Herstellern bereits transportiert wurden, so dass der Herstellungsort nicht der Einsatzort gewesen sein muss. Ferner sind größere Artefaktansammlungen als Werkzeuglager interpretiert worden, auf die im Bedarfsfall zurückgegriffen werden konnte. Das geeignete Rohmaterial für die Anfertigung der Werkzeuge ist offenbar gezielt ausgesucht worden, denn es sind zum Beispiel in der Olduvai-Schlucht Artefakte geborgen worden, deren Ausgangsmaterial offensichtlich aus einer Distanz von mehreren Kilometern herantransportiert werden musste.

Die Herstellung und Anwendung der Oldowan-Geräte ist zweifelsohne eine erhebliche kognitive Leistung des frühen Menschen gewesen. Experimente mit Schimpansen haben allerdings gezeigt, dass diese Primaten Oldowan-ähnliche Werkzeuge produzieren können, so dass die Oldowan-Kultur als eine Leistung auf dem Niveau der Menschenaffen angesehen wird.

Eine sehr erfolgreiche Steinwerkzeugkultur ist die Acheuléen-Industrie, benannt nach dem französischen Fundort Saint-Acheul. Es handelt sich um große Faustkeile, die sich durch eine beachtliche Formenvielfalt auszeichnen. Die Acheuléen-Werkzeuge sind aus Quarz, Flint-, Lava- oder Kieselgestein hergestellte ›Zweiseiter‹, die zum Schlachten und/oder Zerlegen von Beutetieren und zur Holzbearbeitung verwendet worden sein sollen. Im Gegensatz zur Oldowan-Kultur weisen die Acheuléen-Artefakte bereits ein gewisses

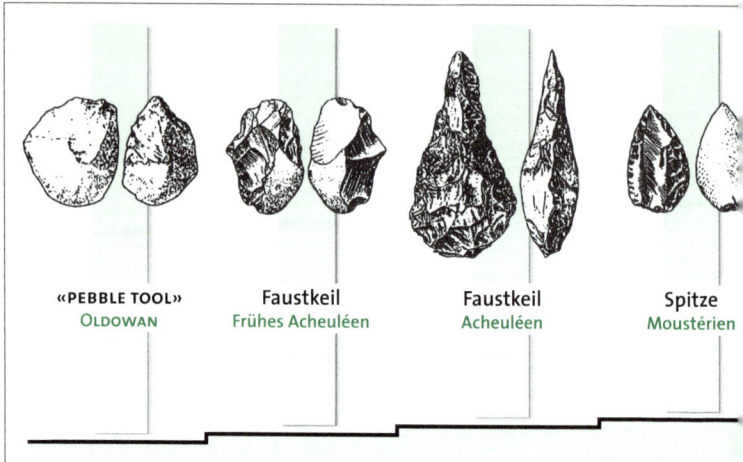

«PEBBLE TOOL»
OLDOWAN

Faustkeil
Frühes Acheuléen

Faustkeil
Acheuléen

Spitze
Moustérien

Maß an Standardisierung auf, woraus auf eine Spezialisierung der Werkzeuge für bestimmte Funktionen zu schließen ist. Die ältesten, etwa 1,4 Millionen Jahre alten Acheuléen-Faustkeile sind wiederum in Konso Gardula (Äthiopien) nachgewiesen worden und werden mit *H.ergaster* in Verbindung gebracht. Die jüngsten, etwa 200 000 Jahre alten Acheuléen-Werkzeuge stammen aus Europa, aus einer Zeit, in der bereits *H. sapiens* vorkam.

Die Herstellung eines Acheuléen-Zweiseiters erforderte erheblich mehr technischen Aufwand und Manipulationsgeschick als die Fertigung eines Oldowan-Werkzeuges. Von einigen Fundstätten liegen überdimensionierte Faustkeile vor, die möglicherweise kultische Bedeutung hatten.

In der mittleren Altsteinzeit (vor ca. 130 000 – 10 000 Jahren) dominiert eine Geräte-Industrie, die nach dem französischen Fundort Le Moustier als Moustérien bezeichnet wird. Die in der Abschlagtech-

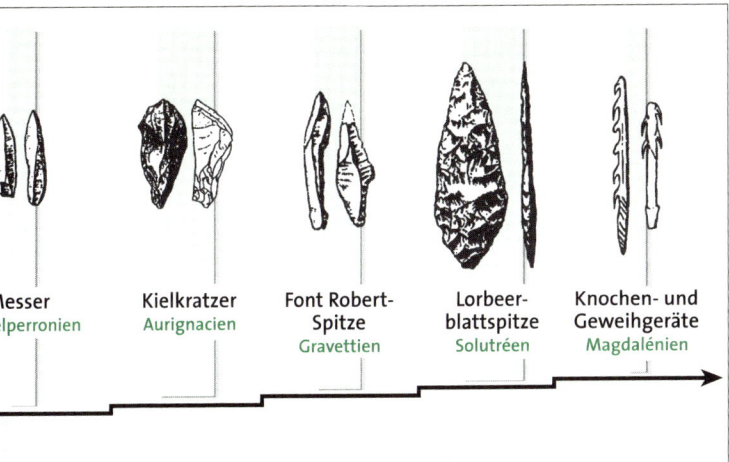

Messer	Kielkratzer	Font Robert-Spitze	Lorbeer-blattspitze	Knochen- und Geweihgeräte
elperronien	Aurignacien	Gravettien	Solutréen	Magdalénien

Werkzeugindustrien vom frühen Oldowan bis zum Jungpaläolithikum (nicht maß-stäblich)

nik gefertigten Artefakte sind sehr vielfältig und wesentlich graziler als die Acheuléen-Werkzeuge. So lassen sich unter anderem Schaber, Kratzer, Bohrer, Stichel und Doppelspitzen diesem Komplex zuord-nen. Besonders kennzeichnend für das Moustérien ist die ausgefeil-te Retuschierung der grob vorbereiteten Steinkerne und -abschläge.

Die ältesten Moustérien-Geräte sind etwa 200 000 Jahre alt, die jüngsten datieren um 40 000 Jahre. Es hat demnach sowohl mit der Acheuléen-Kultur als auch mit den späteren Industrien, zum Beispiel dem Aurignacien, einen Überlappungszeitraum gegeben. Mousté-rien-Artefakte sind überall dort gefunden worden, wo auch Acheu-léen-Kultur geborgen worden ist. Regional waren die Moustérien-Kulturen sehr unterschiedlich. In Europa war der Hauptersteller der Moustérien-Geräte wohl der Neandertaler, während in anderen Regionen, etwa im Nahen Osten, auch der anatomisch-moderne Mensch als Erzeuger in Frage kommt.

Die Geräte-Industrien der jüngeren Altsteinzeit (vor ca. 40 000 – 10 000 Jahren) sind durch eine extreme Vielfalt und starke funktionale Spezialisierung gekennzeichnet. Charakteristisch für diese Periode sind zweiseitige Klingen unterschiedlicher Größe. Herausragend für die Mehrzahl der Geräte ist ihre Grazilität, die große Anzahl von Schneidekanten und die Präzision ihrer Retuschierung.

Viel stärker noch als die Industrien der mittleren Altsteinzeit haben sich die Kulturen der jüngeren Altsteinzeit in der gesamten Alten Welt lokal sehr stark differenziert und eigene Traditionen ausgebildet: das Aurignacien, das Châtelperronien, das Gravettien, das Solutréen, das Magdalénien und andere. Alle diese Kulturen werden überwiegend mit Aktivitäten des anatomisch-modernen Menschen in Verbindung gebracht. Auffallend ist eine zunehmende Grazilisierung der Werkzeuge. Ab dem Gravettien (vor ca. 28 000 – 22 000 Jahren) sind bereits Gravuren und Ziselierungen auf den Geräten erkennbar. Sie wurden offenbar als Schmuck verwendet.

Neben den Steingeräten sind für diese Zeit auch andere kulturelle Zeugnisse, wie Ornamente, Skulpturen, Musikinstrumente, Statuetten und künstlerisch-ästhetisch gestaltete Felsmalereien, kennzeichnend.

Sprachevolution

Experimente zur Erforschung der symbolsprachlichen Fähigkeiten der Menschenaffen unter Laborbedingungen sind nicht sehr erfolgreich gewesen, was den Nachweis herausragender Sprachfähigkeiten anbetrifft. Während ihre kognitiven Leistungen denen eines fünfjährigen Kindes gleichkommen sollen – manche Analysen weisen auf geringeres Können hin –, übersteigt ihre Fähigkeit, in einer Symbolsprache zu kommunizieren, keineswegs diejenige eines zweijährigen Menschen, trotz intensivsten Trainings. Unterschiede, die einige Untersucher zwischen den Menschenaffenarten ausgemacht haben wollen, sind auf unterschiedliche Enkulturation der Testtiere zurückzuführen: auf die Ausstattung der Testanordnung und der Lebensumgebung, das individuelle Verhalten des betreffenden Tieres und anderer vom menschlichen Experimentator verursachter Einflüsse.

Trotz zahlreicher Fähigkeiten, die auf die Grundlagen des Sprachvermögens hindeuten, haben Menschenaffen bislang nicht überzeugend sozialrelevante kognitive Fähigkeiten, wie ethisches, darstellend-künstlerisches oder perspektivisches Verhalten, komplexes Imitieren, extensives grammatisches und symbolisches Spiel, gezeigt. Menschenaffen unterscheiden sich von Menschenkindern auch in der Rate, in der sich ihr kognitives Leistungsvermögen entwickelt und in dem Ausmaß der Vervollkommnung des Symbolaspektes ihrer Kommunikation, vornehmlich im Spiel, in dem Kinder ausgesprochen häufig Symbole verwenden. Das Denkvermögen der Menschenaffen ist deutlich weniger abstrakt und enthält weniger Phantasiekomponenten. Es ist allerdings nicht auszuschließen, dass diese Unterschiede im Testdesign und in enkulturativen Aspekten begründet sind. Die Kluft zwischen den symbolsprachlichen Fähigkeiten von Menschenaffen und von Menschenkindern ist durch die jahrzehntelangen Experimente zwar enger geworden, dennoch deutlich ausgeprägt.

Aufgrund der äußerst komplexen anatomisch-morphologischen, neuralen und verhaltensbiologischen Struktur der menschlichen Sprache ist anzunehmen, dass ihre stofflichen und Verhaltens-Grundlagen ›altes Primatenerbe‹ darstellen, dass also die Wurzeln der menschlichen Sprache in anderen kognitiven und kommunikativen Fähigkeiten liegen, die aber bereits bei nicht-menschlichen Primaten nachweisbar sind und als Präadaptationen für Spracherwerb und -fähigkeit angesehen werden können. Änderungen des Ernährungsverhaltens, der Werkzeugerfindung und des Werkzeuggebrauchs sowie der sozialen Organisation könnten beispielsweise andere Selektionsdrücke auf das kognitive und kommunikative Erbe des frühen Menschen ausgeübt haben als auf die entsprechenden Fähigkeiten seiner menschenäffischen Vorfahren. Menschliche Sprache wäre demnach als ›neues Konstrukt aus alten Bausteinen‹ entstanden.

Die Fähigkeiten der rezenten Menschenaffen können dazu beitragen, Modelle zum Kommunikationssystem des frühen Menschen zu entwerfen, unter der Voraussetzung, dass sie zumindest das Kommunikationsvermögen der heutigen Menschenaffen hatten. Es wird hypothetisiert, dass der frühe Mensch über ebensolche kognitiven und kommunikativen Fähigkeiten verfügte wie die heutigen rezenten Menschenaffen. Der frühe Mensch verkörpert einen funktionalen Verzweigungspunkt insofern, als die Präadaptationen seiner menschenäffischen Vorfahren mit andersartigen Problemen konfrontiert wurden, die sich aus der stärker terrestrischen Lebensweise, dem aufrechten zweibeinigen Gang und möglicherweise auch durch eine Änderung im Ernährungsverhalten, das heißt durch die stärkere Einbeziehung von Fleisch, ergaben. Die aus dem ›Vermächtnis‹ der Vorfahren stammenden präadaptierten gestischen und akustisch-kommunikativen Verhaltensweisen wurden nicht nur häufiger im Verhaltensrepertoire geäußert, sondern wurden auch differenzierter, da sich auch das soziale Umfeld wandelte; das heißt die Gruppen wurden komplexer und größer, was mit einem Anstieg der sozialen Interaktionen und Beziehungen zwischen den Gruppenmitgliedern verknüpft gewesen sein dürfte. Die Analysen zur Verwendung von Gesten und Symbolen durch Menschenaffen lassen annehmen, dass das entsprechende Repertoire beim frühen Menschen ausgesprochen variantenreich gewesen ist. Ferner ist davon auszugehen, dass mit zunehmender Kompliziertheit der Werkzeuge und Geräte und der zunehmenden Vielfalt ihrer Materialbeschaffenheit und ihres Einsatzes auch Symbole für die nicht unmittelbar mit dem Nahrungserwerb und / oder der Raubfeindvermeidung in Zusammenhang stehenden Bereiche des individuellen und sozialen Lebens und der belebten und unbelebten Umwelt entwickelt worden sind beziehungsweise zur Verfügung standen. Es ist weiterhin nicht auszuschließen, dass der frühe Mensch wie auch die rezenten Menschenaffen über einige verknüpfende Symbole verfügten. Auch wenn die Werkzeugkultur des frühen Menschen umfangreicher und vielgestaltiger gewesen sein mag als diejenige der heutigen Menschenaffen, und auch wenn die nutzende und gestalterische Auseinandersetzung mit der Umwelt möglicherweise intensiver war, als es von heutigen Menschenaffen bekannt ist, ist dennoch sehr fraglich, ob der frühe Mensch ein besseres Sprachvermögen besaß als die in menschlicher Obhut bestens trainierten Menschenaffen.

Starke Selektionsdrücke haben offenbar die weitere Entwicklung der Symbolsprache des Menschen gefördert. Es wird als unwahrscheinlich angesehen, dass eine so einmalige und höchst komplexe Fähigkeit ein bloßer Seiteneffekt anderer Strukturen und Prozesse gewesen sein soll, etwa der Vergrößerung und Verbesserung des Gehirns im Laufe der Evolution. Das bedeutet, dass es im Gehirn des Menschen eine Präadaptation für Sprachfähigkeit geben müsste. In diesem Zusammenhang ist hervorzuheben, dass diejenigen Bereiche des Gehirns, die für essentielle Aspekte der Spracherzeugung und des Sprachverständnisses sowie für die Reflexion über eigenes Verhalten und das anderer verantwortlich sind, nämlich der Präfrontalcortex, gegenüber dem nicht-menschlicher Primaten eine ungeheure Vergrößerung erfahren hat. Ohne Annahme spezifischer Selektionsdrücke ist eine solche Entwicklung schwer vorstellbar.

Die Rekonstruktion von Hirnvolumina hat ergeben, dass die Hirngröße ihren größten Schub erfahren hat, als der frühe Mensch zur permanenten terrestrischen Lebensweise überging und keine Anpassungen an das Baumleben mehr aufwies. Dieses Stadium war etwa mit dem Erscheinen von *H. ergaster* erreicht. Bodenlebende Arten bilden in der Regel sehr viel größere Gruppen als baumlebende (arborikole), wie Freilanduntersuchungen an rezenten nicht-menschlichen Primaten belegen. Arborikole Spezies weisen ferner eine größere neue Hirnrinde auf, die mit der Fähigkeit zu größeren kognitiven Leistungen in Verbindung gebracht wird. Diese Entwicklung wird auch für unsere frühen Vorfahren angenommen. Körperkontakte, zum Beispiel soziale Hautpflege, sind in Primatensozietäten bedeutende Mechanismen zur Förderung des Gruppenzusammenhalts. Mit steigender Gruppengröße ist jedoch aus rein zeitlichen Gründen eine intensive gegenseitige physische Kontaktaufnahme aller Gruppenmitglieder nicht mehr gewährleistet, so dass andere Interaktionen kompensierend hinzutreten müssen. Der akustischen Kommunikation wird in diesem Zusammenhang eine erhebliche Funktion beigemessen. Langzeitstudien an nicht-menschlichen Primaten haben in der Tat offenbart, dass Arten, die in großen Verbänden leben, zum Beispiel Meerkatzen oder Paviane, deutlich mehr Laute in den verschiedensten Zusammenhängen äußern als Arten, die in kleineren Verbänden organisiert sind. Die bei nicht-menschlichen Primaten zu beobachtende akustische Kommunikation zur Regulierung und Kontrolle sozialer Prozesse wird als eine entscheidende Voraussetzung und als ein Auslöser für die Evolution der menschlichen Sprache angenommen. Die Etablierung einer gut entwickelten, spontan geäußerten lautlichen Interaktion ohne Symbolcharakter, syntaktisches Verständnis und herausragende kognitive Voraussetzungen werden als Ausgangssubstrat für die Sprachevolution angesehen.

Aus paläodemographischen Erwägungen könnte *H. erectus* die erste Art gewesen sein, bei der diese Interaktionsform entscheidende Bedeutung erlangt hat oder sogar notwendig geworden ist. Die relativ gute Entwicklung des für die motorische Koordination des Artikulationsapparates (Zunge, Lippen, Kehlkopf) zuständigen Broca-Zentrums und des unteren Präfrontalcortex sowie die Asymmetrie des Gehirns scheinen diese Annahme zu bestätigen.

Neben dem dauerhaften Bodenleben und der Organisation zu größeren Sozialverbänden wird ferner der aufrechte zweibeinige Gang als Selektionsfaktor für Sprache angesehen. Abgesehen davon, dass wir bis heute nicht wissen, warum sich Zweibeinigkeit entwickelt hat und warum nur in der menschlichen Stammlinie, scheint sie erhebliche Auswirkungen auf die Evolution von Sprache sowohl im motorischen als auch im kognitiven Bereich ausgeübt zu haben. Im Vergleich zu den Menschenaffen liegt der für die Spracherzeugung wichtige Kehlkopf tiefer und ist zudem in Details, beispielsweise den Stimmbändern, anders konstruiert. Diese evolutiven Neuheiten werden als entscheidende Umkonstruktionen für die Fähigkeit zur Erzeugung von menschlichen Lauten gehalten. Die Befreiung der Vorderextremitäten von Fortbewegungsfunktionen sowie die mit dem relativ engen Geburtskanal verbundene lange nachgeburtliche Entwicklungsphase des der Umwelt ausgesetzten Gehirns werden als weitere starke Selektionsdrücke angesehen, die auf die kognitiven Aspekte der Sprachevolution wirkten. Die Befunde sprechen dafür, dass die motorischen und die kognitiven Voraussetzungen für die Sprachentwicklung synchron erfolgten.

Ein großes Gehirn ist mit hohen energetischen Kosten verbunden. Die Bereitstellung der erforderlichen Energie ist nach vorherrschender Ansicht nur durch eine erhebliche Umstellung der Lebens- und speziell der Ernährungsweise des frühen Menschen möglich gewesen. Die Integration von energiereicher und leicht verdaulicher Fleischnahrung und die hiermit einhergehende Reduktion des Verdauungstraktes werden als wesentliche Anpassungen beziehungsweise Voraussetzungen für den Prozess der Vervollkommnung des Gehirns genannt. Diese soll dazu geführt haben, dass weitere Nahrungsressourcen erkannt und bessere Nahrung beschafft werden konnten, deren regelmäßiger Verzehr wiederum den Hirnentwicklungsprozess positiv beeinflusst haben soll. Insbesondere für die Primatenweibchen respektive die Frauen des frühen Menschen hat die

Evolution großer Gehirne zu einer erheblichen energetischen Belastung während der Trächtigkeit/Schwangerschaft und der nachgeburtlichen Reifungsphase der Nachkommen geführt. Auf der Kompensierung dieser Belastung lag offenbar ein hoher Selektionsdruck, der möglicherweise den evolutiven Anstoß für vermehrtes väterliches Investment sowie für die Entstehung der Familie gegeben hat.

Wann sich akustische Kommunikation zur Symbolsprache entwickelt hat, ist erst dann zu ermitteln, wenn wir aus dem archäologischen Befund unmissverständliche Belege für syntaktische und symbolhafte, auf hohem kognitivem Niveau angesiedelte sprachliche Fähigkeiten haben. Auf dem *H. erectus*-Stadium waren diese Qualifikationen wohl noch nicht erreicht. Die anatomisch-morphologischen Befunde des Zungenbeins vom Neandertaler aus Kebara (Israel) sprechen für eine motorisch ausgereifte Artikulationsfähigkeit dieser Menschenform. Die grundlegenden Unterschiede in der materiellen Kultur des Neandertalers und des anatomisch-modernen, jungpaläolithischen Menschen lassen aber Zweifel aufkommen, ob die Sprache des Neandertalers im kognitiven Bereich bereits den Stand des modernen Menschen erreicht hatte. Die Gefahr einer solchen Differenzierung besteht darin, dass einzig auf der Basis materieller Hinterlassenschaften auf die Symbol- und Syntaxfähigkeit einer Spezies geschlossen wird, wobei möglicherweise ideologisch motivierte Zuweisungen der kulturellen Leistungen zu unterschiedlichen Niveaus nicht ausgeschlossen werden können.

GLOSSAR

absolute Datierung – Altersbestimmung, die eine exakte Zeitangabe erlaubt. Bei der absoluten Datierung stehen radiometrische Verfahren im Vordergrund, die auf dem mit konstanter Geschwindigkeit ablaufenden und von äußeren Einflüssen (unter anderem Temperatur, Feuchtigkeit) unabhängigen Zerfall radioaktiver Elemente oder Isotope fußen. Die Zerfallsgeschwindigkeit wird durch die Halbwertszeit ausgedrückt. Wichtige radiometrische Verfahren in der Paläoanthropologie sind die Radiokarbon-Methode (^{14}C-Datierung), die Kalium/Argon (^{14}K/^{14}Ar)-Methode, die Thermolumineszenz-Methode und die Elektronen-Spin-Resonanz-Methode. Nicht-radiometrische absolute Methoden sind unter anderem das Paläomagnetismus- und das Aminosäure-Razemisations-Verfahren. *s. S. 24, 30*

Adaptation – Anpassung und Toleranz an respektive gegenüber Umweltfaktoren. Vorgang, der Organe oder Funktionen von Organismen im Sinne einer besseren Eignung zum Leben in einer bestimmten Umgebung ändert. Adaptation bezeichnet neben dem Prozess auch den Zustand eines Organismus, der sich zum Leben in einer bestimmten Umgebung eignet. *s. S. 12, 46, 90*

adaptive Radiation – Evolutive Verzweigung einer Stammlinie und Bildung verschiedener ökologischer Nischen. *s. S. 36, 88*

allopatrisch – In räumlich getrennten geographischen Arealen vorkommend. *s. S. 36f.*

Altruismus – Uneigennütziges Verhalten; ein Verhalten, welches die Fitness des nicht eigennützig Handelnden mindert und die des Handlungsempfängers erhöht. *s. S. 103*

Artefakte – Intentional hergestellte Geräte aus Stein, Holz, Horn oder anderem Material. *s. S. 49, 73, 109*

autochthon – Alteingesessen, bodenständig. *s. S. 67, 73*

Biotop – Natürlicher Lebensraum mit relativ einheitlichen Umwelt- und Lebensbedingungen und charakteristischen Tier- und Pflanzenarten. *s. S. 25f., 28ff., 46f.*

Bipedie – Zweibeiniges Laufen mit aufgerichtetem Körper und gestreckten Beinen. *s. S. 27ff., 46, 68*

demische Diffusion – Vermischung der Genpools von Populationen infolge stetigen Genflusses. *s. S. 63*

Ethologie – Lehre vom Verhalten der Tiere und des Menschen. *s. S. 6, 94*

fakultativ – An ein bestimmtes Verhalten angepasst, aber nicht auf dieses beschränkt, beispielsweise fakultative Bipedie (Gegensatz: obligat, habituell). *s. S. 26, 68*

Fitness – Anteil eines Genotyps am Genbestand der nächsten Generation. Die Höhe der Fitness ist durch das Maß des Angepasstseins an Umweltbedingungen bestimmt. Ein Organismus kann die Fitness über die eigene Reproduktion steigern (direkte Fitness) und/oder über die Unterstützung möglichst enger Verwandter (inklusive Fitness). Beide Formen von Fitness ergeben die Gesamtfitness. *s. S. 67, 72, 98f.*

Gendrift, genetische Zufallsdrift – Genetische Veränderung von Populationen, die auf Zufallsprozessen beruht. Gendrift wirkt sich besonders in sehr kleinen Populationen aus. *s. S. 83*

Genfluss – Austausch von Genen oder Allelen zwischen Populationen. *s. S. 62f., 81*

Genus – Gattung; erster Terminus in einem Binomen. *s. S. 13, 36, 62*

Herbivorie – Ernährung durch Pflanzen, im Gegensatz zur Ernährung durch Blätter (Folivorie) oder durch Früchte (Frugivorie). *s. S. 32, 34, 96*

Holotypus – Dasjenige Exemplar, welches in der Originalbeschreibung als der ›Typus‹ bestimmt wird. *s. S. 44, 57*

Homininen, Hominini – Tribus der Unterfamilie der Homininae, zu der die rezenten afrikanischen Menschenaffen (Panini) und der Mensch (Hominini) gehören. *s. S. 21, 49ff., 74*

Hominisation – Stammesgeschichtlicher Prozess der Menschwerdung. *s. S. 8, 27f., 53ff.*

Hominoidea – Überfamilie der Ordnung Primates, die die Gibbons, die großen Menschenaffen Afrikas und Asiens sowie fossile und rezente Menschen einschließt. *s. S. 13, 84f.*

Industrie – Kollektiv von Werkzeugen und Geräten aus einheitlichem Material, zum Beispiel Stein, die in einer begrenzten Zeit und Region von einer bestimmten Population gefertigt worden sind. Ähnliche Industrien werden zu ›industriellen Traditionen‹ zusammengefasst, zum Beispiel Oldowan. *s. S. 48, 70ff., 108ff.*

intraspezifisch – Innerhalb einer Art. *s. S. 39, 62*

Jungpaläolithikum – Zeit vor 40 000 – 10 000 Jahren. *s. S. 72, 74, 111*

Kladistische Analyse, Kladistik – Schule biologischer Klassifikation, die Verwandtschaftsbeziehungen auf der Grundlage evolutiver Neuheiten zu interpretieren versucht, die in einer gemeinsamen Stammlinie erworben wurden; entscheidend ist die Bestimmung des letzten gemeinsamen Vorfahren der betreffenden Taxa. *s. S. 36, 43, 86*

Klassifikation – Gruppierung von Objekten oder Organismen nach logischen Gesichtspunkten. *s. S. 12f., 41, 60*

Knöchelgang – Vierfüßige Fortbewegung der afrikanischen Menschenaffen, bei der die Vorderextremitäten mit der Rückenfläche der mittleren Fingerglieder aufgesetzt werden. *s. S. 68*

Levallois-Kultur – Steinklingen-Kultur des Mittelpaläolithikums. Bei der Levallois-Technik wird nicht der Steinkern selbst weiter verarbeitet, sondern von ihm abgeschlagene Splitter. *s. S. 66, 71*

Miozän – Geologische Epoche vor ca. 23,3 – 5,2 Millionen Jahren. *s. S. 36, 87f., 91*

Mittelpaläolithikum – Zeit vor 200 000 (150 000) – 40 000 Jahren. *s. S. 66*

Mosaikevolution – Evolution, bei der verschiedene Strukturen, Organe und anderes unterschiedlich schnell evolvieren, so dass ein Mosaik von ursprünglichen und abgeleiteten Merkmalen resultiert. *s. S. 20*

Moustérien-Kultur – Steingeräte-Kultur des Mittelpaläolithikums. Moustérien-Geräte sind häufig, aber nicht ausschließlich mit Neandertaler-Funden assoziiert. *s. S. 66, 71f., 110f.*

multiregionales Evolutionsmodell – Gradualistische Entstehung des anatomisch-modernen Menschen in verschiedenen Regionen der Alten Welt. s. S. 54, 64

Neocortex – Stammesgeschichtlich jüngster Teil der Großhirnrinde, der eine regelmäßige Anordnung der Nervenzellen in sechs horizontalen Schichten aufweist. s. S. 14

ökologische Nische – Multidimensionales Bezugssystem zwischen einer Art und ihrer Umwelt. s. S. 46

Omnivorie – Ernährung von Pflanzen und Fleisch (Allesfresser). s. S. 19, 47, 87

Ontogenese – Individualentwicklung. s. S. 43

Paläogenetik – Zweig der Genetik, der sich mit der Analyse genetischen Materials fossiler, subfossiler und prähistorischer Überreste von Organismen befasst. s. S. 20, 65

Paläolithikum – Altsteinzeit vor ca. 2 Millionen bis 8000 Jahren. s. S. 66, 72, 111

Paläontologie – Lehre von den ausgestorbenen Organismen. s. S. 3, 6

Pleistozän – Epoche des Quartär vor 1,64 Millionen bis 10 000 Jahren. s. S. 50, 80, 88

Pliozän – Geologische Epoche vor 5,2–1,64 Millionen Jahren. s. S. 29, 88f., 98

polytypisch – Mehr als eine Art umfassend. s. S. 76

Populationsgenetik – Wissenschaftliche Disziplin, die sich mit der Erforschung der genetischen Struktur und Dynamik von Bevölkerungen befasst. *s. S. 66*

Präadaptation – Prospektive Anpassung an noch nicht voll wirksame Umweltanforderungen; sowohl auf den Zustand als auch auf den Prozess bezogen. *s. S. 12, 113ff.*

Primatologie – Wissenschaft von den Primaten. *s. S. 11, 15*

Quartär – Geologische Periode, die vor 1,64 Millionen Jahren begann und bis heute andauert. *s. S. 44*

relative Datierung – Die relative Datierung erlaubt nur eine Angabe über die zeitliche Beziehungen von zwei Funden. Aufeinanderfolgende Gesteinsschichten und darin enthaltene Objekte, wie fossilierte Menschen- und Tierknochen, Pflanzen und Steinartefakte, lassen sich etwa bei einem ungestörten vertikalen Schnitt durch eine Schichtenfolge von Gestein oder Sediment nach dem Prinzip der Superposition stratigraphisch zuordnen. *s. S. 24, 30*

Selektion – Natürliche Auslese; allgemein als wichtigste Triebfeder des Evolutionsgeschehens angesehener Prozess. *s. S. 3, 76, 103*

Selektionsdruck – Maß für die Stärke, mit der ein Genotyp ausgelesen wird. *s. S. 87, 93, 118*

Sexualdimorphismus – Unterschiede beispielsweise in Gestalt und Verhalten zwischen den Geschlechtern. *s. S. 42*

Soziobiologie – Teilgebiet der Verhaltensforschung. Die Soziobiologie geht prinzipiell davon aus, dass das Sozialverhalten der Tiere und des Menschen genetisch fundiert und dem Eignungsprinzip unterworfen ist. *s. S. 5, 16, 94*

Speziation – Artbildung. Speziation kann durch Artspaltung erfolgen. *s. S. 37, 55*

sympatrisch – In ein und demselben geographischen Areal vorkommend. *s. S. 24, 39*

Systematik – Wissenschaftliches Studium von den Formen der Organismen und ihrer verwandtschaftlichen Beziehungen. *s. S. 21, 84, 86*

Taphonomie – Wissenschaft von den Prozessen der Verwesung und Fossilisierung eines Organismus; Beschreibung und Kausalanalyse der Entstehung eines Fossils. *s. S. 68*

Taxon, Taxa – Zoologisch- oder botanisch-systematische Kategorie. *s. S. 25ff., 40ff., 60*

Taxonomie – Lehre von den Regeln der biologischen Systematik. *s. S. 6*

Tertiär – Geologische Periode vor 65 – 1,64 Millionen Jahren. *s. S. 14, 44*

Typus – Die bei der Beschreibung einer Art oder Gattung festgelegte Norm, an die der aufgestellte Name gebunden ist; der Typus ist für eine Art ein bestimmtes Individuum, für eine Gattung eine Art mit ihrem Typus. *s. S. 51*

Variabilität – Erbliche Abweichungen von der (morphologischen, physiologischen etc.) Norm innerhalb einer Population und Generation. *s. S. 4, 43, 79*

Literaturhinweise

EINFÜHRENDE UND ALLGEMEINE LITERATUR

Altner, G. (Hg.): Der Darwinismus. Die Geschichte einer Theorie. Darmstadt 1981.

Darwin, C.: The Descent of Man and Selection in Relation to Sex. London 1871.

Hofer, H., Altner, G. (Hg.): Die Sonderstellung des Menschen. Stuttgart 1972.

Delson, E., Tattersall, I., Van Couvering, J. A., Brooks, A. S. (Hg.) Encyclopedia of Human Evolution and Prehistory, 2nd ed. New York 2000.

Diamond, J.: The Rise and Fall of the Third Chimpanzee. London 1992.

Fasterding, M. (Hg.): Auf den Spuren der Evolution. Vom Urknall zum Menschen. Gelsenkirchen 1999.

Futuyma, D.: Evolutionsbiologie. Basel 1990.

Huxley, T. H.: Evidence as to Man's Place in Nature. London 1863.

Jahn, I. (Hg): Geschichte der Biologie. 3. Aufl. Jena 1998.

Jones, S., Martin, R. D., Pilbeam, D. (Hg.) The Cambridge Encyclopedia of Human Evolution. Cambridge 1992.

König, V., Hohmann, H. (Hg.): Bausteine der Evolution. Gelsenkirchen 1997.

Kutschera, U.: Evolutionsbiologie. Eine allgemeine Einführung. Berlin 2001.

Streit, B. (Hg.): Evolution des Menschen. Heidelberg 1995.

Voland, E. (Hg.): Evolution und Anpassung. Warum die Vergangenheit die Gegenwart erklärt. Stuttgart 1993.

ALLGEMEINE PRIMATOLOGIE

Bonis, L. de: Vom Affen zum Menschen. Teil I: Evolution der Primaten. Heidelberg 2001.

Geissmann, T.: Vergleichende Primatologie. Berlin und Heidelberg 2003.

Fleagle, J. G.: Primate Adaptation and Evolution. 2nd ed. San Diego 1999.

Martin, R. D.: Primate Origins and Evolution. A Phylogenetic Reconstruction. London 1990.

BIOLOGISCHE SYSTEMATIK

Ax, P.: Das phylogenetische System. Systematisierung der lebenden Natur aufgrund ihrer Phylogenese. Stuttgart 1984.

Hennig, W.: Grundzüge einer Theorie der phylogenetischen Systematik. Berlin 1950.

Mayr, E.: Grundlagen der zoologischen Systematik. Hamburg 1975.

Minelli, A.: Biological Systematics. The State of the Art. London 1993.

Schuh, R. T.: Biological Systematics. Principles and Applications. Ithaca 2000.

Sudhaus, W., Rehfeld K.: Einführung in die Phylogenetik und Systematik. Stuttgart 1992.

Wägele, J.-W.: Grundlagen der phylogenetischen Systematik. München 2000.

Wiesemüller, B., Rothe, H., Henke, W.: Phylogenetische Systematik. Eine Einführung. Berlin und Heidelberg 2003.

Willmann, R.: Die Art in Zeit und Raum. Das Artkonzept in der Biologie und Paläontologie. Berlin und Hamburg 1985.

PALÄOANTHROPOLOGIE (ÜBERSICHTEN)

Bonis, L. de: Vom Affen zum Menschen. Teil II: Evolution des Menschen. Heidelberg 2002.

Eckhardt, R. B.: Human Paleobiology. Cambridge 2000.

Henke, W., Rothe, H.: Paläoanthropologie. Berlin und Heidelberg 1994.

Henke, W., Rothe, H.: Stammesgeschichte des Menschen. Eine Einführung. Berlin und Heidelberg 1999.

Johanson, D., Edgar, B.: Lucy und ihre Kinder. Heidelberg 1998.

Klein, R. G.: The Human Career. Human Biological and Cultural Origins. 2nd ed. Chicago 1999.

Literaturhinweise

Tattersall, I., Schwartz, J.: Extinct Humans. Boulder 2000.

Wolpoff, M. H.: Human Evolution. New York 1996–1997.

Wolpoff, M. H., Caspari, R.: Race and Human Evolution. New York 1997.

NEANDERTALER

Akazawa, T., Aoki, K., Bar-Yosef, O. (Hg.): Neandertals and Modern Humans in Western Asia. New York 1998.

Auffermann, B., Orschiedt, J.: Die Neandertaler. Eine Spurensuche. Stuttgart 2002.

Henke, W., Kieser, N., Schnaubelt, W.:

Die Neandertalerin – Botschafterin der Vorzeit. Gelsenkirchen 1996.

Kuckenburg, M.: Lag Eden im Neandertal? Auf der Suche nach dem frühen Menschen. Düsseldorf und München 1997.

Mellars, P.: The Neanderthal Legacy. An Archaeological Perspective from Western Europe. Princeton 1996.

Stringer, C. B., Barton, R. N., Finlayson, J. C. (Hg.): Neandertals on the Edge. Oxford 2000.

Tattersall, I.: The Last Neanderthal. The Rise, Success, and Mysterious Extinction of our Closest Human Relatives. New York 1995.

Tattersall, I.: Neandertaler. Der Streit um unsere Ahnen. Basel 1999.

ENTSTEHUNG DES MODERNEN MENSCHEN

Akazawa, T., Aoki, K., Kimura, T. (Hg.): The Evolution and Dispersal of Modern Humans in Asia. Tokio 1992

Bräuer, G., Smith, F. H. (Hg.): Continuity or Replacement. Controversies in Homo sapiens Evolution. Rotterdam 1992.

Crow, T. J. (Hg.) The Speciation of Modern Homo sapiens. Oxford 2002.

Mellars, P. (Hg.): The Emergence of Modern Humans. An Archaeological Perspective. New York 1990.

Relethford, J. H.: Genetics and the Search for Modern Human Origins. New York 2001.

Stringer, C., McKie, R: African Exodus. The Origins of Modern Humanity. Sydney 1997.

MOLEKULARBIOLOGIE, POPULATIONSGENETIK

Klein, J., Takahata, N.: Where do we come from? The Molecular Evidence for Human Descent. Berlin und Heidelberg 2002.

Page, R. D. M., Holmes, E. C.: Molecular Evolution. A Phylogenetic Approach. London 1998.

Sperlich, D.: Populationsgenetik. 2. Aufl. Stuttgart 1988.

ÖKOLOGIE, LIFE HISTORY, SAISONALITÄT, SOZIOBIOLOGIE

Begon, M., Mortimer, M., Thompson, D.: Population Ecology: An Unified Study of Animals and Plants. 2. Aufl. Oxford 1996.

Campbell, B.: Human Ecology. 2. Aufl. New York 1995.

Cockburn, A.: Evolutionsökologie. Stuttgart 1995.

Etter, W.: Paläoökologie. Eine methodische Einführung. Basel 1994.

Foley, R. A.: Another Unique Species. Patterns in Human Evolutionary Ecology. New York 1991.

Nentwig, W.: Humanökologie. Fakten, Argumente, Ausblicke. Berlin und Heidelberg 1995.

Smith, E. A., Winterhalder, B. (Hg.): Evolutionary Ecology and Human Behavior. New York 1992.

Standen, V., Foley, R. A. (Hg.): Comparative Socioecology. The Behavioural Ecology of Humans and Other Mammals. Oxford 1989.

Stearns, S. C.: The Evolution of Life Histories. Oxford 1997.

Ulijaszek, S. J., Strickland, S. S. (Hg.): Seasonality and Human Ecology. Cambridge 1993.

Ullrich, H. (Hg.): Hominid Evolution. Lifestyles and Survival Strategies. Gelsenkirchen 1999.

Voland, E.: Grundriss der Soziobiologie. 2. Aufl. Heidelberg 2000.

Literaturhinweise

VERHALTEN, KULTURELLE LEISTUNGEN

Boesch, C., Boesch-Achermann, H.: The Chimpan-
zees of the Taï Forest. Behavioural Ecology and
Evolution. Oxford 2000.

Byrne, R.: The Thinking Ape. Evolutionary Origins
of Intelligence. Oxford 1997.

Gamble, C.: The Palaeolithic Societies of Europe.
Cambridge World Archaeology. Cambridge
1999.

Gibson, K. R., Ingold, T. (Hg.): Tools, Language and
Cognition in Human Evolution. Cambridge
1993.

Gowlett, J.: Ascent to Civilization. The Archaeology of Early Humans. 2nd ed. New York 1992.

Isaac, B. (Hg.): The Archaeology of Human Origins. Cambridge 1989.

McGrew, W. C.: Chimpanzee Material Culture.
Implications for Human Evolution. Cambridge
1992.

Mellars, P., Stringer, C. (Hg.): The Human Revolu-
tion. Behavioural and Biological Perspectives
on the Origins of Modern Humans. Edinburgh
1990.

Mithen, S.: The Prehistory of the Mind. A Search
for the Origins of Art, Religion and Science.
London 1996.

Phillipson, D. W.: African Archaeology. 2nd ed.
Cambridge 1995.

Quiatt, D., Itani, J. (Hg.) Hominid Culture in Primate Perspective. Niwot 1994.

Renfrew, C., Zubrow, E. B. W. (Hg.): The Ancient
Mind. Elements of Cognitive Archaeology.
Cambridge 1996.

Roth, G., Wullimann, M. F. (Hg.): Brain Evolution
and Cognition. New York 2000.

Runciman, W.G., Maynard Smith, J., Dunbar,
R. I. M. (Hg.): Evolution of Social Behaviour Patterns in Primates and Man. Oxford 1997.

Tomasello, M., Call, J.: Primate Cognition. Oxford
1997.

TAPHONOMIE

Bromley, R. G.: Spurenfossilien. Biologie, Taphonomie und Anwendungen. Berlin und Heidelberg
1999.

Larsen, C. S.: Bioarchaeology. Interpreting Behavior from the Human Skeleton. Cambridge
1997.

Lyman, R. L.: Vertebrate Taphonomy. New York
1994.

Martin, R.: Taphonomy. A Process Approach.
Cambridge 1999.

BIOPHILOSOPHIE, ERKENNTNISTHEORIE

Mahner, M., Bunge, M.: Philosophische Grundlagen der Biologie. Berlin und Heidelberg 2000.

Mohr, H.: Biologische Erkenntnis. Stuttgart 1981.

Popper, K. R.: Objektive Erkenntnis: Ein evolutionärer Entwurf. 2. Aufl. Hamburg 1994.

Ruse, M. (Hg.): Philosophy of Biology. New York
1998.

Vollmer, G.: Was können wir wissen? Bd. 1 Die
Natur der Erkenntnis: Beiträge zur evolutionären Erkenntnistheorie. Stuttgart 1985.

Vollmer, G.: Was können wir wissen? Bd. 2.
Die Erkenntnis der Natur: Beiträge zur modernen Naturphilosophie. Stuttgart 1986.

Abbildungsnachweise: S. 23 aus: Tattersall, I., Schwartz, J.: Extinct Humans; S. 41 u. aus: Johanson, D.,
Edgar, B.: Lucy und ihre Kinder; S. 59 o. aus: L'Aventure humaine. Palais des Beaux-Arts Bruxelles, Dez.
1990; S. 59 u. aus: Tattersall, I., Schwartz, J.; S. 69 nach: Relethford, J. H.: Genetics and the Search for
Modern Human Origins; S. 73 aus: Vandermeersch, B.: Les Hommes fossiles de Qafzeh (Israel). In: Cahiers
de Paléontologie (1981); S. 109 aus: Bloom, Steve: Affen – eine Hommage. Da mehrere Rechteinhaber
trotz aller Bemühungen nicht feststellbar oder erreichbar waren, verpflichtet sich der Verlag, nachträg-
lich geltend gemachte rechtmäßige Ansprüche nach den üblichen Honorarsätzen zu vergüten.